Mudança Climática e Você

CENÁRIOS, DESAFIOS, GOVERNANÇA,
OPORTUNIDADES, CINISMOS E MALUQUICES

GENEBALDO FREIRE DIAS (Ph.D)

Mudança Climática e Você

CENÁRIOS, DESAFIOS, GOVERNANÇA, OPORTUNIDADES, CINISMOS E MALUQUICES

Ano	
4 712	chinês
2 014	cristão
5 116	hindu
5 774	judaico
2	maia
1 436	muçulmano
15 000 000 000	cósmico

São Paulo, 2014

© Genebaldo Freire Dias, 2012
1ª edição, Editora Gaia, São Paulo, 2014

Diretor Editorial
Jefferson L. Alves

Editor Assistente
Gustavo Henrique Tuna

Gerente de Produção
Flávio Samuel

Coordenadora Editorial
Sandra Regina Fernandes

Assistente Editorial
Juliana Alexandrino

Preparação de texto
Ana Cristina Teixeira

Revisão
Alexandra Resende
Rinaldo Milesi

Fotos de capa
(Sup.) mycola/Shutterstock
(Inf.) Iakov Kalinin/Shutterstock

Capa
Eduardo Okuno

Projeto Gráfico e Editoração Eletrônica
A Máquina de Ideias/Sergio Kon

CIP-BRASIL. Catalogação na fonte
Sindicato Nacional dos Editores de Livros, RJ

D532m

Dias, Genebaldo Freire, 1949-
Mudança climática e você : cenários, desafios, governança, oportunidades, cinismos e maluquices. / Genebaldo Freire Dias. — 1. ed. - São Paulo : Gaia, 2014.

Inclui bibliografia
ISBN 978-85-7555-341-1

1. Mudanças climáticas 2. Meio ambiente 3. Preservação ambiental 4. Sustentabilidade I. Título.

13-01094

CDD: 577
CDU: 502.1

Direitos Reservados

EDITORA GAIA LTDA.
(pertence ao Grupo Editorial Global)

Rua Pirapitingui, 111-A – Liberdade
CEP 01508-020 – São Paulo – SP
Tel.: (11) 3277-7999 – Fax: (11) 3277-8141
e-mail: gaia@editoragaia.com.br
www.editoragaia.com.br

Obra atualizada conforme o Novo Acordo Ortográfico da Língua Portuguesa

Colabore com a produção científica e cultural.
Proibida a reprodução total ou parcial desta obra sem a autorização do editor.

Nº de catálogo : **3461**

"Já não tenho nada a dizer. Penso que ninguém tem. Quando um problema se torna extremamente difícil, perdemos o interesse por ele."

Irving Cristol
(professor de Urbanismo, Universidade de Nova Iorque)

"É difícil viver entre os homens porque é tão difícil uma pessoa calar-se."

Friedrich Nietzsche, *Assim falou Zaratustra*
(filósofo alemão, 1844-1900)

"Precisamos de algumas pessoas malucas; vejam só aonde as pessoas normais nos levaram."

George Bernard Shaw
(escritor e dramaturgo irlandês, 1856-1950)

Sumário

Apresentação 13

PARTE I

1. Introdução 17
2. Percepção e escalada 19
3. Adaptação à mudança climática e gestão de risco, 2011 ... 35
4. Relatório Planeta Vivo, 2008 43
5. Os relatórios sobre mudança climática do IPCC, 2007 47

    5.1 Relatório sobre mudança do clima 2007:
    a base das ciências físicas (França, Paris, fevereiro) 51

    5.2 Relatório sobre mudança do clima 2007:
    impactos, adaptação e vulnerabilidade (Bélgica, abril) 65

        5.2.a Os relatórios do IPCC e as metas do milênio 84

    5.3 Relatório sobre mudança do clima 2007: mitigação.
    Aspectos sociais, econômicos, ambientais, científicos
    e tecnológicos da mitigação da mudança climática
    (Tailândia, Bangkok, maio) 87

    5.4 Mordaças no IPCC 101

    5.5 O 5º relatório do IPCC (2013-2014) 103

6. O Índice de Vulnerabilidade Ambiental, 2006 105
7. Estudo de vulnerabilidade, impactos e adaptação
   no Brasil, 2005 109

8.		O Estudo Stern, 2006 113	
	8.1	Introdução ao Estudo Stern 113	
	8.2	Mudança climática e riscos para a economia 114	
	8.3	Mudança climática: a maior falha de mercado da história 115	
	8.4	Mitigação não é custo. É investimento...............117	
	8.5	A profecia do relatório humilhado do Clube de Roma, 1972 119	
	8.6	Acorda Brasil 121	
	8.7	A anarquia da ordem econômica 123	
	8.8	Tarde demais para ser pessimista 124	
	8.9	Crises e oportunidades andam juntas 125	
	8.10	Quanto custa evitar o pior? 127	
	8.11	O lucro do não desmatamento 129	
	8.12	Quanto mais tarde, mais caro 131	
9.		Economia da mudança climática no Brasil 133	
10.		A avaliação do Greenpeace no Brasil, 2006 137	
	10.1	Amazônia 141	
	10.2	Semiárido 142	
	10.3	Zona Costeira 143	
	10.4	Região Sul 144	
	10.5	Recursos hídricos 147	
	10.6	Grandes cidades 147	
	10.7	Saúde 148	
	10.8	Cenários 149	
	10.9	Soluções e demandas 149	

11. A avaliação ecossistêmica do milênio, 2005 151
12. Governança 157
   12.1 Elementos da governança ambiental internacional 157
   12.2 Elementos da governança nacional 160

PARTE II

13. Desgovernança e confusão 169
   13.1 Sobre o desastre e a fome 169
   13.2 Sobre a idiotice anestesiante coletiva 177
   13.3 Incêndios florestais e mudança climática: exemplo
         de apercepção 181
         13.3.1 Fogo no clima e na vida 183
         13.3.2 Os incêndios florestais como forçamento
                 dos cenários da mudança climática
                 e da vulnerabilidade social 185
         13.3.3 Constrangimentos: cultura é fogo! 186
         13.3.4 Principais causas dos incêndios florestais 187
         13.3.5 Principais consequências das queimadas
                 e dos incêndios florestais 191
         13.3.6 O ser humano é uma falha ontológica? 196
   13.4 O consumismo e o canto da sereia 199
         13.4.1 Estamos em fase de negação 202
         13.4.2 O manual de instruções esperado 205
         13.4.3 Gestação de conflitos: pedra cantada 208
         13.4.4 Consumismo e mudança climática:
                 o caso de Brasília 209

13.5	Mudança climática: a palavra sincera de 42 países	211
	13.5.1 O embate e o emboque	212
	13.5.2 O evento reunindo 19 países nos EUA	212
	13.5.3 O evento reunindo 23 países no Brasil	214
	13.5.4 Resumo do resumo dos relatos	216
	13.5.5 A carta dos atingidos por desastres climáticos no Brasil	219
14.	E daí, pessoa?	223
	14.1 O começo da cura é o reconhecimento da doença	231
	14.2 Ilações	235
15.	Referências	241

ANEXOS

Anexo I 247

    Decreto n. 3.515/2000 cria o Fórum Brasileiro
    de Mudanças Climáticas

Anexo II 249

    Decreto n. 5.263/2007 cria o Comitê Interministerial
    sobre Mudança do Clima

Anexo III 253

    Lei n. 12.187/2009 institui a Política Nacional sobre
    Mudança do Clima (PNMC)

Anexo IV 259

    Listagem dos participantes nos Seminários sobre
    Mudança Climática e Incêndios Florestais

Anexo V 263

    Alternativas ao uso do fogo

Anexo VI 267

Emissão de CO_2 por aviões

ANEXOS

Apresentação

Você não vai encontrar neste livro aquelas já conhecidas explicações sobre o aumento do efeito estufa, mas, sim, as consequências e os desafios da degradação ambiental, em sua totalidade.

Entre inúmeras questões, aqui será abordada a mudança climática, de uma forma crítica, ousada, irreverente e reflexiva.

Na Parte I são apresentadas sínteses dos principais relatórios produzidos pelas grandes agências internacionais nos últimos dez anos sobre as mudanças ambientais, comentando-se cada etapa de forma objetiva; porém, sem perder o rigor técnico das informações.

Na Parte II são examinadas as questões de governança e desgovernança. Aborda-se a impossibilidade do desenvolvimento sustentável e se escancara o cinismo, o descaso, o despreparo, o analfabetismo ambiental e os riscos que todos corremos por conta das indecisões e da má gestão no enfrentamento dos desafios da mudança ambiental global, entre eles, a mudança climática.

Por meio de sua vivência de 40 anos de ativismo ambiental em gestão privada e pública, 35 de pesquisa e regência acadêmica, e de seus 20 livros publicados, o autor se sente à vontade para divulgar estas informações.

Ora elegante, técnico e professional, ora sarcástico, irônico, mordaz e rebelde, ora moderado e esperançoso, mas sempre irreverente, ele utiliza formas impessoais, positivistas, e irrompe depois com formas pessoais, "dialogando" com o leitor.

Assim, consegue, nas páginas a seguir, explorar um tema complexo de formas distintas: com o cérebro e com o coração, com a lógica e com a alma, com a razão e com a paixão.

Este livro não foi escrito para especialistas, mas para pessoas que precisam ter acesso à informação de uma forma descomplicada, de modo a compreender os cenários que estão desenhados e os desafios que já enfrentamos.

Uma obra atrevida, corajosa. Como a ocasião requer.

PARTE I

Nós aprendemos a voar como pássaros, a nadar como peixes; entretanto, desaprendemos a simples arte de viver como irmãos.

MARTIN LUTHER KING

1. Introdução

O famoso químico soviético Isaac Asimov foi o mais fecundo escritor norte-americano da década de 1970 (Universidade de Columbia, Nova Iorque). Entre as suas duzentas obras, sobre os mais diversos temas, despontava o livro *Escolha a catástrofe* (São Paulo, Círculo do Livro, 1979).

Nesse trabalho ele apresentava as mais diferentes formas de fazer a vida desaparecer da Terra, classificando-as de catástrofes do primeiro ao quarto grau.

No primeiro grau estavam agrupadas as expectativas messiânicas, o aumento da entropia, a expansão do universo, as contrações estelares e os buracos negros e quasares.

No segundo grau ele citava a colisão com o Sol, a morte do Sol e o congelamento do sistema solar.

No terceiro grau anunciava o bombardeamento da Terra por objetos extraterrenos, cometas, asteroides e meteoritos. Acrescentava redução no movimento terrestre e a alteração na distância entre a Lua e a Terra com mudanças nas marés. E incluía as alterações orbitais, movimentação dos continentes, terremotos, vulcões, mudanças climáticas, glaciações, remoção do magnetismo terrestre e raios cósmicos.

Finalmente, no quarto grau, Asimov completava o repertório mórbido com o esgotamento dos recursos naturais (água, metais, solo, energia), a poluição e a pressão causada pelo crescimento populacional. E era taxativo: "uma população humana de quatro bilhões já é muito alta para a Terra..." (p. 350). (Asimov conviveu com 6,3 bilhões de seres humanos).

O fim do mundo já foi anunciado inúmeras vezes ao longo da nossa história: pela *Bíblia*, em Apocalipse (supostamente escrito no século II, por João);

pelas profecias de Nostradamus (1503-1556); pela existência do Planeta X (ou "chupão"), que se aproxima da Terra e vai destruí-la; pelos "intérpretes" do Calendário Maia; pelo alinhamento dos planetas; pela inversão dos polos magnéticos; pelo meteoro letal; pelo desembarque de extraterrenos, e por aí segue.

Essa lista de avisos do fim do mundo ocupa livros capazes de encher várias estantes de uma biblioteca. Afinal, as formas de destruição da vida são diversificadas (enquanto as formas de criação da vida ainda não estão claras. Ou jamais ficarão; ou não precisamos realmente disso).

A eliminação da vida terrena pode ocorrer a qualquer momento. Poucas são evitáveis porquanto independem da nossa vontade ou poder tecnológico. Porém, algumas podem ser revertidas ou atenuadas, se quisermos. Entre elas, as ameaças da degradação ambiental, foco deste trabalho.

2. Percepção e escalada

Ao longo dos anos, a percepção dos seres humanos sobre a sua condição de ser planetário, e de depender de inúmeros fatores combinados para continuar sobrevivendo, foi sendo aprofundada em grupos específicos e restritos, e alienada em grupos maiores.

Este é um fato sólido: somos uma população confinada na superfície de uma esfera, com recursos limitados, flutuando no espaço gelado, aquecida pelo Sol.

A vida é mantida por um conjunto de fatores que atuam ao mesmo tempo, em um nível de complexidade ainda longe da compreensão humana.

Não temos como mudar isso. Pelo menos no presente. Assim, precisamos nos adaptar a tais condições, e não desejar que a Terra se adapte a nós.

Há de se despertar para essa realidade, condição essencial se quisermos nos desviar da rota de colisão com sofrimento na qual nos encontramos.

Vários esforços vêm sendo feitos nessa direção, em diferentes frentes.

A seguir, será apresentado um mosaico de ocorrências de elementos dessa escalada evolucionária perceptiva em seus mais diversos momentos de avanços e retrocessos, nos anos mais recentes.

Escalada perceptiva

- Em 1988, Francis Ford Copolla e George Lucas apresentam a trilogia "Qatsi", três documentários pungentes e perturbadores dirigidos por

Godfrey Reggio[1] (*Koyaanisqatsi*, *Nagoiaqatsi* e *Powaqqatsi*), aclamados pelo público e pela crítica em todo o mundo. A trilogia expõe o custo do "progresso" e examina a condição humana em seus níveis espiritual, emocional, intelectual, ecológico e estético.

São imagens belíssimas de pura sensibilidade mostrando as mais diversas situações da raça humana em todos os cantos do planeta. Desprovidos de textos utilizando apenas músicas (em sua maioria, tribais), os filmes focalizam momentos de puro enlevo da nossa escalada, ao mesmo tempo em que mostram as nossas inconsequências. Assim, danças tribais entrelaçam-se a imagens espaciais, destruição de florestas e cantos infantis, explosões de montanhas e multidões espremidas nos metrôs, comparadas aos frangos em abatedouros cheios das cidades do mundo. Um apanhado completo dos nossos descaminhos, despercepções e perplexidades.[2]

Nesse período, o mundo já mergulhava em um turbilhão de manchetes que indicavam a inconsequência das ações humanas contra a vida no planeta e, logo, contra os próprios seres humanos.

Ao lado da ambição dos desmatamentos vinha o desespero das inundações; a ganância da especulação imobiliária e a exclusão social emolduravam os quadros de deslizamentos de terra e soterramento de bairros inteiros; o crime dos incêndios florestais ladeava os danos das secas; o massacre da fauna juntava-se ao aumento das pragas, perdas de safras e crescimento das epidemias; a irresponsabilidade da poluição em todas as suas formas acompanhava o crescimento das doenças degenerativas; o excesso de exploração dos recursos naturais para atender ao consumismo exacerbado já resultava em desequilíbrios ecológicos percebidos por todos; o lucro vinha embalado em vulnerabilidade social traduzida em desemprego, miséria e violência. A erosão ética dava a amálgama para a corrupção, alimentada pela crescente ignorância.

---

1 Diretor de cinema norte-americano nascido em Nova Orleans, em 1940, precursor de um gênero de filmes que apresenta imagens poéticas de extraordinário apelo emocional ao retratar o impacto destrutivo do mundo moderno no meio ambiente.

2 Já em 1927, Fritz Lang, cineasta austríaco expressionista, mostrava ao mundo o seu filme *Metrópolis*, denunciando a destruição dos sentimentos humanos e a mecanização da vida do século XX, antecipando a paranoia que se instalaria nos centros urbanos.

■ Nesse contexto, em 1998, Bjørn Lomborg, professor adjunto de Estatística na cadeira de Ciências Políticas da Universidade de Aarhus, Dinamarca, lança o livro O ambientalista cético (The skeptical environmentalist, Rio de Janeiro, Campus, 2002), no qual contesta a tese de que o meio ambiente está sofrendo degradação. Chamou a isso de "mito da ladainha".

Esse livro causou muita polêmica e indignação entre os ambientalistas. Diante de quadros tão óbvios de degradação ambiental em todo o mundo, surge um estatístico contestando estudiosos históricos da temática ambiental, entre eles vários cientistas do IPCC, como Lester Brown, do Worldwatch Institute, ativistas como Al Gore (que ganharia o Prêmio Nobel da Paz) e instituições sérias como a WWF e o Greenpeace.

A verdade é que as grandes corporações transnacionais que lucravam com a destruição ambiental adoraram a "ousadia" de Bjørn. No Brasil, o escritor foi entrevistado como celebridade e até ganhou as páginas amarelas (de destaque) de uma revista semanal.

Com edições sucessivas, o livro fez a festa dos céticos, ou melhor, dos oportunistas. Na capa da 4ª edição puseram uma tarja verde com a inscrição-marketing "Lomborg refuta a visão apocalíptica, chamada por ele de ladainha ambientalista, vaticinada durante anos por ecologistas radicais" atribuída à revista Veja, conceituada revista semanal brasileira.

Segundo Lomborg, a poluição não ameaça ninguém, não há aquecimento global coisa alguma, não há riscos para a disponibilidade de água nem de energia. Os medos químicos são infundados, o desmatamento não é uma realidade, a pesca é farta e não apresenta problemas nos estoques, a chuva ácida não causa dano às florestas, enfim, os cenários não são realistas, são apenas "problemas-fantasmas" (p. 6).

Ao longo do livro podem ser encontradas as seguintes "pérolas":

◊ "As nossas preocupações com produtos químicos e medo dos pesticidas são equivocados e contraproducentes" (p. 396);

◊ "O que importa para o nosso futuro e de nossos filhos não é decidido no contexto do IPCC,[3] mas no contexto da OMC"[4] (p. 390);

---

3 Painel Internacional sobre Mudança do Clima (ONU).
4 Organização Mundial do Comércio (ONU).

- "Não deveríamos gastar uma fortuna para diminuirmos uma fração minúscula do aumento da temperatura global, quando isso constitui um mal uso dos recursos" (p. 388);
- "Poderíamos também optar por deixar as coisas como estão e continuar emitindo cada vez mais CO_2 e depois, em 2100, pagaríamos o preço adaptando a sociedade: construindo diques, transferindo populações de ilhas [...]" (p. 368);
- "[...] o preço do petróleo se estabilize em US$ 22 (o barril) durante os próximos 20 anos" (p. 17).

É certo que o debate de ideias contrárias deve ser estimulado no ambiente acadêmico e democrático; é certo também que os ambientalistas não estão com a razão em tudo, mas todavia não estão errados em tudo, como Lomborg quis fazer crer.

De qualquer forma, as discussões, e os eventos que se seguiram foram demolindo um a um os argumentos do autor: perdas de vidas em secas, enchentes e doenças acopladas a frustrações sucessivas de safras alavancadas pelas loucuras da mudança climática não precisavam mais ser prenunciadas por ecologistas radicais, pois a mídia se encarregou de vomitá-las nas salas das pessoas em todo o mundo. O livro entrou na lista dos "era melhor ter ficado quieto", uma vez que foi uma grande gafe e um belo desserviço à humanidade.

Nesse mesmo ano (1998) Mauro Fonseca publica O último êxodo, uma coletânea de registros existentes na Bíblia e na literatura espírita sobre o final dos tempos, analisando Jesus, Ramatis, Francis Bacon, Nostradamus, Mateus, Marcos, Daniel, Lucas, Pietro Ubaldi, Isaías, Zacarias, Alan Kardec, Bezerra de Menezes entre outros.

Na sua narração, um planeta com uma órbita muito longa aproxima-se da Terra e altera o eixo de inclinação e a própria órbita, dizimando 2/3 da população humana. Por atração de sintonia, seguirão com o planeta visitante todos os egoístas, homicidas, hipócritas, corruptos, tiranos e outros, deixando a Terra saneada.

Dessa forma, no livro, a Terra deixará de ser um planeta de provas e expiações, e a fraternidade reinante multiplicará a força daqueles que irão reconstruir um novo mundo.

- Em 2000 é lançada em Haia, Holanda, a chamada "Carta da Terra", com a ambição de ser um documento da ONU contendo os princípios para uma sociedade global justa, equilibrada, sustentável e pacífica (SICT, 2010). A ideia surgiu após a Rio-92 e foi coordenada por Maurice Strong (canadense que secretariou Estocolmo-72 e Rio-92[5]), Mikhail Gorvachev (Rússia) e o governo da Holanda.

- Em 2001 a Embrapa Meio Ambiente publica o livro *Mudanças climáticas globais e a agropecuária brasileira*, editado por Magda Aparecida de Lima, Osvaldo Machado Rodrigues Cabral e José Domingos Gonzalez Miguez, reunindo uma seleção de experiências e estudos conduzidos por 50 reconhecidos cientistas brasileiros.

Nesta obra, a vulnerabilidade da agricultura brasileira à mudança do clima, as emissões de gases de efeito estufa por atividades agrícolas, opções de mitigação e mecanismos de desenvolvimento limpo são examinadas.

Reconhece-se que a agricultura é uma atividade altamente dependente de fatores climáticos, cujas alterações podem afetar a produtividade e o manejo das culturas, com reflexos sociais, econômicos e políticos.

- A partir de 2003 floresce uma nova geração de repertórios de eliminação da humanidade. Martin Rees lança o livro *Our final hour* (lançado no Brasil, em 2005, como *Hora final – Alerta de um cientista: o desastre ambiental ameaça o futuro da humanidade*). Seu exercício de imaginação inclui complicações terrenas causadas por computadores superinteligentes, nanomáquinas incontroláveis que se replicam de forma catastrófica, acidentes envolvendo bio e cibertecnologias (criação ou liberação involuntária de um patógeno de difusão rápida ou um erro de software devastador, por exemplo).

Em novembro desse mesmo ano Peter Schwartz e Doug Randall[6] elaboram para o Departamento de Defesa dos Estados Unidos um trabalho que ficou

---

5 Primeiras tentativas organizadas internacionalmente para promover mudanças globais nas atividades humanas que estavam destruindo as bases de sustentação da vida e transformando tudo em um inferno.

6 "An abrupt climate change scenario and its implication for the United States national security."

conhecido como o *Relatório do Pentágono*. Tratava-se de um estudo que analisava as consequências de uma mudança climática abrupta para os Estados Unidos e para o mundo. E anunciava o aumento de tensões nas fronteiras, migração, redução da população por guerras, doenças e fome em um relato estarrecedor.

Em 2004 o documento vazou e foi publicado nos Estados Unidos pela revista *Fortune* (9/2/2004); no Reino Unido, pelo *Observer* (22/2/2004); e no Brasil, pela revista *Carta Capital* (3/3/2004). Houve intensa repercussão internacional.

- Ainda nesse ano um filme causou furor em todo o mundo e veio atiçar a fogueira. Escrito e dirigido por Roland Emmerich, *O dia depois de amanhã* (*The day after*) ganhou 3 Oscars e 8 indicações e arrebatou a mídia durante vários meses.

No filme, Dennis Quaid e Jake Gyllenhael protagonizaram uma história iniciada por climatologistas que tentavam, sem sucesso, convencer as autoridades sobre a alta chance de ocorrer uma mudança climática brusca. Obviamente isso acontece e Nova Iorque (sempre ela!) é castigada por múltiplos tornados, para em seguida ser invadida por ondas do mar gigantescas e completar o quadro com uma onda de congelamento. Tóquio e várias capitais da Europa são mostradas sob grande devastação.

As imagens, computadorizadas, são impressionantes. O filme tornou-se um ícone para muitos ambientalistas, foi assistido em inúmeras escolas e serviu como tema de debates sobre o aquecimento global e as mudanças climáticas, já acirradas com a publicação do *Relatório do Pentágono*.

No filme, uma das cenas mais contundentes é a queima de livros da biblioteca pública de Nova Iorque para aquecer as pessoas, ameaçadas de congelamento. Nesse momento, faz-se uma bela referência às obras de Nietzsche — não se queima uma obra desse cara.

- Em 2005, Jared Diamond, professor de Geografia da Universidade da Califórnia, Los Angeles, com mais de 200 artigos publicados e ganhador do Prêmio Pulitzer com o livro *Armas, germes e aço*, publica *Colapso* (*Collapse*) (Rio de Janeiro, Record), que se torna um *best-seller* em todo o mundo.

Com uma narrativa histórico-cultural fascinante, rigorosa, elegante e objetiva das encrencas humanas ao longo do tempo, o autor analisa como as sociedades escolhem o fracasso ou o sucesso.

O livro aborda desde a cultura da Polinésia pré-histórica na ilha da Páscoa às outroras florescentes civilizações, como os anazis, maias, vikings, haitianas e outras, analisando as causas das suas decadências, até chegar ao mundo moderno.

Diamond traça um panorama catastrófico e mostra o que acontece quando se ignoram os sinais da natureza, desperdiçando e degradando os recursos naturais, além de questionar que escolhas econômicas, sociais e políticas ainda podem ser feitas para não termos o mesmo fim e escaparmos da estupidez autodestrutiva vigente.

- Em 2006, o cientista José A. Marengo, pesquisador do Centro de Previsão do Tempo (CPTEC), do Instituto Nacional de Pesquisas Espaciais (Inpe), lança seu estudo "Mudanças climáticas globais e seus efeitos sobre a biodiversidade", dentro do *Programa de caracterização do clima atual e definição das alterações climáticas para o território brasileiro ao longo do século XXI*, da Secretaria de Biodiversidade e Florestas do Ministério do Meio Ambiente.

Nesse estudo, Marengo analisa as projeções de modelos globais do clima e como ele mudará anual e sazonalmente, no Brasil, no século XXI. Aborda, de forma clara e direta, o aumento das temperaturas na região amazônica, a intensificação do semiárido nordestino, o avanço do mar na costa brasileira, eventos extremos de temperatura e de chuva mais frequentes nas grandes cidades e uma maior incidência de transmissão de doenças infecciosas.

- Nesse mesmo ano, Al Gore apresenta o seu filme Uma *verdade inconveniente*, quebrando todos os recordes de bilheteria para um documentário, que constituiu-se numa peça importante para a socialização das informações geradas pelo IPCC sobre o aquecimento global, e para trazer aos holofotes, de forma didática e impactante, os cenários da mudança climática.

- Enquanto Al Gore se baseia em dados científicos, o filme *Fim dos tempos* (*The happening*, EUA/Índia, 2008, 95 min) de M. Night Shyamalan, por sua vez, assentava-se em ficção. Descreve uma crise ambiental de larga escala causada por uma toxina liberada pelas árvores. Mostra momentos catastróficos da sociedade humana quando a tal toxina bloqueia os neurotransmissores que alimentam a autopreservação, resultando em suicídios em larga escala.

Grandes oportunidades se perdem quando filmes com um claro apelo à percepção humana são jogados na programação e a "crítica especializada" classifica-o de forma bisonha. É o caso do filme *Wall-E*, de Andrew Stanton (EUA, 2008, 107 min), que foi anunciado como "infantil" e serviu como motivo para a venda de inúmeros brinquedos com a marca do robô Wall-E.

No entanto, esse filme mostra uma terra coberta de lixo e abandonada pelos seres humanos que vivem em naves espaciais em órbita, aguardando que os robôs limpem o planeta e anunciem o retorno das plantas para que possam voltar. Uma excelente obra de sensibilização.

Ainda em 2008, Raquel Ghini e Emília Hamada editam o livro *Mudanças climáticas – Impactos sobre doenças de plantas no Brasil* reunindo 34 estudos de renomados cientistas brasileiros da Embrapa – Empresa Brasileira de Pesquisa Agropecuária/Embrapa Meio Ambiente/Informação Tecnológica e especialistas convidados.

As autoras alertam para a séria ameaça que as mudanças climáticas representam à produção agrícola, pois podem alterar a incidência das doenças de plantas importantes para a agricultura familiar e empresarial.

A equipe interdisciplinar, com profissionais da área de fitopatologia e geoprocessamento, apresenta estudos dos impactos esperados por culturas, como hortaliças (batata, pimentão, melão e tomate), grãos (arroz, milho, soja e cereais de inverso) e outros igualmente importantes como banana, cana-de-açúcar, café, citros e eucaliptos.

Em 2009, a Columbia Pictures (EUA) assombra as pessoas com seus efeitos espetaculares para mostrar eventos cataclismáticos no filme *2012 – O dia do juízo final*. Com Direção de Rolland Emmerrich e estrelado por John Cusack, esse filme faz referência ao fim dos tempos em 2012 como supostamente profetizado no calendário Maia.

■ Enquanto isso, milhares de pessoas reunidas em Copenhagen, Dinamarca, por ocasião da Conferência das Partes (COP15), organizada pela ONU sobre a Mudança Climática, percebem, junto com o mundo perplexo, que não há possibilidades de acordo. O encontro gera um rosário de pendências, fracassos e desconfianças.

Ainda nesse ano, lança-se o filme *Avatar* (ficção científica, escrito e dirigido por James Cameron e estrelado por Sam Worthington, Zoë Saldaña, Michelle Rodriguez, Sigourney Weaver e Stephen Lang; produzido pela Lightstorm Entertainment e distribuído pela 20th Century Fox; US$ 310 milhões para a produção e US$ 150 milhões para a distribuição; lançado em 2D, 3D – usando os formatos RealD 3D, Dolby 3D, xpanD 3D e IMAX 3D – e também em 4D, na Coreia do Sul.

Tem seu enredo no ano 2154 e é baseado em um conflito em Pandora, uma das luas de Polifemo, um dos três planetas gasosos fictícios que orbitam o sistema Alpha Centauri.

Pandora é habitado por uma espécie de humanoides chamada Na'vi. Medindo quase 3 metros de altura, com cauda, ossos naturalmente reforçados com fibra de carbono e por bioluminescente, os Na'vi vivem em harmonia com a natureza e são considerados primitivos pelos humanos. Eles veneram uma deusa chamada Eywa.

Os humanos não são capazes de respirar na atmosfera de Pandora, a qual é rica em dióxido de carbono, metano e amônia. Além disso, não têm uma convivência pacífica com os Na'vi por não entenderem sua cultura de venerar a natureza.

Os humanos têm o objetivo de explorar em Pandora as reservas de um precioso minério chamado Unobtainium. O chefe da operação mineradora emprega ex-soldados e ex-fuzileiros como mercenários.

Os colonizadores humanos e os Na'vi, nativos humanoides, entram em guerra pelos recursos do planeta.

Avatar quebrou todos os recordes de bilheteria da época. Reforçadas por tecnologias de filmagens e projeção inovadoras, as imagens de destruição de belas florestas com árvores frondosas e composição paradisíaca, adicionadas ao massacre de seres de aparência tão bela e pura, causaram comoção mundial, colocando em situação desconfortável a atuação das mineradoras em todo o planeta. Mas logo tudo seria rapidamente esquecido.

■ Em 2010, o filme O livro de Eli (direção de Albert e Allen Hughes, com Denzel Washington, EUA, 118 min) apresenta a Terra pós-apocalipse. Eli é um homem solitário que tem de proteger um livro sagrado que pode conter a resposta para a salvação da humanidade e se vê às voltas com várias ameaças à integridade do exemplar santo.

Enquanto isso, no mundo real, em 27 de novembro desse mesmo ano, por ocasião de uma liquidação em uma grande loja em Nova Iorque (Long Island), uma multidão enfurecida de consumidores pisoteou e matou um funcionário (em pleno período de recessão financeira, alguns dias após a posse de Barack Hussein Obama à presidência dos Estados Unidos).

A partir de agosto de 2010, ocorrem os maiores incêndios florestais jamais registrados na Terra pelo ser humano. Austrália, Espanha, Grécia, Estados Unidos, China, Rússia e Brasil, principalmente, ardem em chamas, em eventos colossais. Vidas humanas, safras, imóveis, rebanhos e animais silvestres foram carbonizados e mostrados, como nunca havia ocorrido, ao mundo.

Uma combinação fatal entre seca prolongada, baixa umidade relativa do ar, vegetação ressequida e ventos fortes, aliados a elementos do comportamento humano (ganância, ignorância, arrogância, imediatismo e egoísmo, por exemplo) encheram a atmosfera terrestre de fuligem, aumentaram a concentração de CO_2 e escancararam as consequências do analfabetismo ambiental global.

Denunciando essa situação global, a Unesco publica a obra *Fazendo as pazes com a Terra* (2010), de Jérôme Bindé, propondo à humanidade um novo pacto, um "contrato natural", de codesenvolvimento com o planeta.

Às 3h30 da madrugada de 11 de dezembro de 2010, depois de muitos bate-bocas diplomáticos, representantes de 193 países reunidos em Cancun, México, para a COP16 – Conferência sobre a Mudança Climática, anunciam ao mundo a criação do *Fundo Verde do Clima*, que prevê o financiamento de ações de adaptação e combate à mudança climática nos países em desenvolvimento.

Apesar dos surpreendentes acordos firmados em Cancun, as metas de redução de emissões não foram estabelecidas. Com isso, o mundo continuava no cenário de chegar em 2020 emitindo 9 bilhões de toneladas de CO_2 a mais do que seria necessário para manter o aquecimento global abaixo do nível considerado seguro de 2 °C. Daí seguiriam a COP17, 18, 19 etc.

- O ano de 2011 inicia com o inverno mais rigoroso da história, registrando temperaturas recordes, tempestades, nevascas e inundações em todos os continentes. No Brasil, o massacre de seres humanos por causa de deslizamentos de terra desnuda a inexistência de planejamento urbano, mesclada com exclusão social, corrupção, descaso e ignorância.

Em Mato Grosso do Sul, os agricultores vão para a televisão mostrar os grãos de soja brotando dentro das vagens pelo excesso de chuvas. Lamentam-se das perdas enquanto cidades inteiras sofrem de desabastecimento com a dissolução das estradas.

No entanto, esses mesmos agricultores rapidamente se esqueceram de que foram eles que promoveram a destruição da cobertura vegetal nativa, tempos atrás. Não deixavam uma árvore, tudo tinha que virar soja. Agora colhiam as consequências óbvias dessa ignorância. Os noticiários não tocam nesse assunto e apenas mostram os coitadinhos "inocentes" sofrendo prejuízos.

- No dia 11 de março um terremoto de 8,9 na Escala Richter ocorrido no Nordeste do Japão, seguido de um tsunami com ondas de 10 metros de altura, mostram ao mundo cenas assustadoramente hollywoodianas. A força da água forma redemoinhos e cascatas de carros, empilha navios e trens nas ruas e arrasta prédios inteiros como se fossem de papel.

Anunciam que as forças da natureza precisam ser mais observadas, compreendidas e respeitadas, em vez de se tentar encapsulá-las em vidrinhos de tecnologias.

- A conceituada revista *The Economist* (28 maio/3 junho, 2011) estampa em sua capa a frase *Welcome to the Anthropocene* (Bem-vindo ao Antropoceno) sobre um planeta Terra modificado. Anuncia que os cientistas (geólogos, principalmente) finalmente reconhecem os seres humanos como forças geológicas capazes de mudar a forma como o planeta funciona. Represa por represa, cidade por cidade, mina por mina, estrada por estrada, pastagem por pastagem, os seres humanos redesenharam o planetinha.[7]

---

7 Apenas por curiosidade (e por um pouco de vaidade também): quando lancei meu livro com o título *Antropoceno* sobre esse tema, uma década atrás (2002), só faltaram me trucidar.

◼ A revista semanal brasileira *Época* (n. 681, 6 junho 2011) dedica uma edição especial ao tema ambiental (edição verde) e estampa: "Agora somos 7 bilhões. Nosso planeta aguenta?". E enfatiza: "O impacto humano já abalou até a geologia da terra; a era da comida barata acabou; não dá para gerar energia 100% limpa para todos", anunciando dez tecnologias inovadoras que podem nos salvar.

O filme *Contágio*, exibido no final de 2011, deveria causar um abalo nas instituições de saúde (mas não causou). Dirigido por Steven Soderbergh, com atuações de Mario Cottilard, Matt Damon, Kate Winslet, Gwyneth Paltrow e outros, essa produção trouxe para as telas uma bela simulação do que pode acontecer quando bilhões de pessoas amontoadas em centros urbanos formam um contexto altamente favorável à disseminação de uma doença.

Reforçado pela alta mobilidade de indivíduos de algumas sociedades (viagens aéreas) e pela ineficiência de vários setores de saúde, em todo o mundo, um vírus se espalha e causa a morte de 26 milhões de pessoas em todos os continentes em menos de cinco meses.

O que o filme traz de mais contundente é a luta dos cientistas para identificar o agente causador do mal, em meio a um contexto de interesses difusos de setores corporativos (governo, indústria farmacêutica, blogueiros e outros), enquanto a população explode em pânico e passa a saquear farmácias, hospitais, supermercados e tudo o que possa representar medicamentos, água, alimentos, combustíveis entre outros.

De forma brilhante, conseguem retratar o momento exato em que as pessoas percebem a situação e saem imediatamente de uma condição de controle e obediência para uma situação de caos onde se desconhece a autoridade, o estado de direito e outros tais, e passa a valer a lei do mais forte, ou seja, a barbárie.

O filme alerta para a plausibilidade da sua simulação diante dos abusos que se pratica nas atividades de produção e consumo, principalmente pela insensibilidade do ser humano nas suas relações com as delicadas redes de sustentação da vida mantida pelos ecossistemas. Aliás, motivo da cena final: um trator derruba parte de uma floresta, desabrigando morcegos; estes agora se abrigam em uma pocilga onde defecam sobre os porcos que, levados ao abate, levam o vírus para as mãos não lavadas de um chefe de cozinha que é chamado pelo maitre para cumprimentar uma turista que queria parabenizá-lo. Daí por diante foi só uma viagenzinha de avião para a festa começar.

Para encerrar esta sequência, Lars Von Trier, diretor dinamarquês, apresentou sua visão do fim do mundo no filme *Melancolia* (2011). Nele, o planeta Melancholia vem na direção da Terra e ninguém sabe se vai colidir ou não. Essa incerteza muda o comportamento das pessoas.

Certamente, após os *Mad Maxes*, *Guerra dos mundos*, *Planetas dos macacos* em suas sequências I, II, III etc., outras tantas narrações deverão aparecer, compondo esse mórbido e curioso desejo de ver tudo ser destruído de uma vez por todas (niilismo).

Enfim, filmes, relatórios, estudos, livros, conferências, catástrofes e outros eventos continuarão certamente gerando manchetes que logo serão esquecidas, diluídas e substituídas por novos eventos mais espetaculares.

Mas nenhum desses elementos narrados até agora é mais contundente, atual, inegável e realístico do que os dois seguintes:

1. No dia 5 de janeiro de 2012 o *Jornal Nacional* da Rede Globo de Televisão apresentou cenas antagônicas em reportagens geradas pela equipe que viaja todo o Brasil a bordo do seu jato exclusivo. Em Minas Gerais, 116 municípios entraram em estado de emergência, e muitos outros no Estado do Rio de Janeiro, em decorrência de chuvas torrenciais. Os rios transbordaram, romperam diques, levaram pontes, isolaram e demoliram cidades inteiras em poucas horas levando morte e sofrimento a milhares de pessoas, Enquanto isso, o oeste do Paraná e a região de Bagé, no Rio Grande do Sul, sofriam com a seca. Safras inteiras de milho e soja foram perdidas. Carros pipas abasteciam as cidades, repetindo cenas nordestinas. Sofrimento, indignação e aquela sensação de não saber o que fazer. Os prejuízos somados dessas catástrofes ultrapassaram 10 bilhões de reais e infernizaram as economias regionais e a vida das pessoas.

Na mesma edição do noticiário, a dengue maltratava populações inteiras em várias regiões do País; a Austrália e o Chile registravam os maiores incêndios florestais da sua história. Nada que não houvesse sido anunciado pelos cientistas há mais de dez anos (consequências esperadas da mudança climática global).

Ainda naquela edição, notícias sobre o descaso com as obras de prevenção que deveriam ter sido feitas na região de Petrópolis, Rio de Janeiro, atingida por temporais que causaram inundações, deslizamentos de terra e muitas mortes, há um ano. Os recursos públicos destinados às obras foram desviados para os bolsos dos gestores corruptos, cancro da governança.

Muito sintomático se ter reunido em um único noticiário um repertório tão extenso de insustentabilidades de forma tão explícita.

2. Em 29 de outubro de 2012 o Furacão Sandy, com ventos de 180 km/h, atingiu Cuba, Haiti, Bahamas, República Dominicana, Jamaica, Estados Unidos e Canadá espalhando um tenebroso rastro de destruição.

Foi o desastre natural mais caro da história, com danos projetados de 446 bilhões de dólares, 182 mortos, 50 milhões de pessoas afetadas por inundações, rompimento de barragens, incêndios, desabastecimento de alimentos, água e energia elétrica que levaram hospitais, aeroportos (13.700 voos cancelados) e serviços públicos ao caos.

O nível do mar chegou a 4 m em Manhattan inundando o distrito financeiro e as galerias do metrô, reproduzindo cenas vistas no filme O dia depois de amanhã (2004), cujas sequências foram ridicularizadas pelos céticos dizendo que aquilo jamais aconteceria!

O Presidente Obama pediu 60 bilhões ao congresso dos Estados Unidos (negado),[8] e artistas do mundo inteiro — Pink Floyd, Rolling Stones, Paul McCartney, Bruce Springsteen, Bob Dylan, entre outros —, promoveram um concerto em Nova Iorque para arrecadar fundos e socorrer as pessoas.

Aqui não se trata mais de uma previsão, trechos de relatórios, presságios de magos medievais ou anunciações místicas. Trata-se do noticiário da vida real, palpável, percebível. São fatos!

A "maior tempestade do século" agora está acontecendo a cada dois ou três anos! Certamente, quando você estiver lendo este parágrafo, outros tantos eventos deste tipo já tenham ocorrido.

Já vivemos no presente um momento no qual precisamos decidir para qual tipo de futuro vamos projetar nossas vidas e dos nossos descendentes.

Ou, então, se não queremos (ou podemos) planejar e executar coisa alguma e deixar tudo ao acaso, e assumir as consequências do conformismo

---

[8] Aqueles mesmos parlamentares que, por diferenças político-eleitoreiras, negaram os recursos para as obras de mitigação e adaptação à mudança climática da região, dois anos antes.

e inação (um misto disso já está em curso), considerando tudo isso como eventos evolucionários, inevitáveis.

O problema reside em aceitarmos o crescimento de conflitos por alimentos, água e energia, num quadro com fermentação ascendente de migrações, doenças, mendicância, fome e violência, como algo tacitamente aceitável.

Temos conhecimento científico, tecnologias e processos de gestão que podem nos colocar em situações mais adequadas de sustentabilidade e nos afastar desses cenários desoladores e mórbidos. Desenvolvemos mecanismos de governança e participação comunitária que podem alavancar novas posturas, decisões e atitudes.

Temos capacidades para pesquisas e inovações, formação de redes de cooperação e um conjunto de valores que nos podem dirigir para tempos melhores.

Mas poucos acreditam nisso, pois muitos só acreditam na Economia e no Deus Mercado, e investem suas forças na continuação dessa maluquice toda.

O jogo está posto. Não há lugar para espectadores, pois todos jogam. E, nesse jogo, ou todos ganham ou todos perdem. Não há empates.

Esse é o grande desafio para a espécie humana: buscar novas formas de relacionar-se com o planeta ou mergulhar ainda mais numa era de incertezas inquietantes.

Precisa-se de uma pausa para refletir se é isso mesmo o que se quer. Uma opção entre o urgente e o fundamental.

De qualquer maneira, o desafio da aprendizagem está em curso. Somos testemunhas e atores do agora.

Os avisos foram muitos. Deveriam ser ouvidos. Muitos ainda podem surtir efeito. Outros, não mais. Alguns deles estão reunidos e examinados nos itens que se seguem (em ordem cronológica descendente), objetivo deste trabalho.

Nas próximas páginas serão apreciados e comentados os seguintes documentos:

- ◇ Adaptação à Mudança Climática e Gestão de Risco, IPCC, 2011.
- ◇ Relatório Planeta Vivo, WWF, 2008.
- ◇ Os Relatórios sobre Mudança Climática do IPCC, 2007.
- ◇ O Índice de Vulnerabilidade Ambiental, 2006.
- ◇ Estudo de Vulnerabilidade, Impactos e Adaptações no Brasil, 2006.

- O Estudo Stern, 2006
- A Avaliação do Greenpeace, no Brasil, 2006
- A Avaliação Ecossistêmica do Milênio, 2005

> "No século XX os homens assassinaram mais de 100 milhões de seus semelhantes."
>
> ENKHART TOLLE, *O poder do agora*

3. Adaptação à mudança climática e gestão de risco, 2011

Em janeiro de 2012 a ONU divulgou que o Brasil é o terceiro país do mundo a sofrer perdas de vidas humanas em decorrência de desastres naturais, atrás apenas das Filipinas e do Japão (nesses, devido a tsunamis e terremotos, principalmente).

Não se tem, no Brasil, a cultura de análise de risco, muito menos de gestão de risco. Aliás, em muitos casos, nem noção de risco!

As pessoas, de forma ingênua e/ou ignorante (margeando a demência), e/ou por exclusão social, se submetem a situações que são difíceis de acreditar: quer penduradas em barracos miseráveis, nas encostas, brigando com a gravidade, quer enganchadas em construções improvisadas umas sobre as outras, ou em áreas desafiando o humor dos rios e das chuvas, ou a perversidade dos incêndios provocados.

Aniquilam-se ou se mutilam aos milhares, em motocicletas ridiculamente misturadas à selvageria das quatro rodas, ou explodem seus rostos e mãos com fogos de artifício, despencam de prédios em construção por não usarem dispositivos de proteção (mesmo quando fornecidos), ou viram pastas disformes em acidentes automobilísticos por embriaguez, excesso de velocidade, ou estupidez combinada com arrogância e orgulho misturados.

Completam os cenários o desabamento de prédios, em efeito dominó, por causa de obras não autorizadas em um deles (Rio de Janeiro), os gigantescos incêndios florestais iniciados por indolência, negligência, vandalismo etc.

Tais pessoas-vítimas elegem políticos que acreditam ser tudo isso normal. Esses, do alto das suas incapacidades perceptivas, até mesmo, em sua maior parte, impedida pela dilacerante ignorância e robustez primitiva dos seus dotes intelectuais mínimos, não prestam atenção alguma à questão (ou prestam, vendo nos eventos a oportunidade de se apoderar dos recursos públicos destinados ao atendimento emergencial, como veremos adiante).[1]

A mudança climática global é um fato. A mídia corrobora isso todos os dias. Os cientistas fizeram seu papel. Agora se torna necessária a adoção imediata da gestão de risco, pois se perderam todos os prazos. Não dá mais tempo para tanta discussão e indecisão. Trata-se de uma questão de se adotar a gestão de risco imediatamente.

Se se esperar mais um pouco, vamos ter que refazer as trouxas para a **gestão de conflitos**.

Em novembro de 2011, 27 especialistas do IPCC (WHO, UNEP, Grupo de Trabalho I e II) apresentaram um relatório especial sobre a gestão de risco de desastres e eventos extremos como forma de avançar no processo de adaptação à mudança climática (IPCC, 2011).

Enquanto ainda se insistia em manter a discussão idiota, inócua, inconclusiva e improdutiva sobre o aquecimento ou desaquecimento global, os cientistas do IPCC resolviam informar ao mundo o que era preciso fazer imediatamente.

A essa altura, não se tratava mais de se discutir se o planeta estava aquecendo ou não, ou se isso era causado por periodicidades naturais ou pela ação dos seres humanos, ou um misto desses fatores. Já havia a constatação inegável de que o clima havia mudado.

Difícil negar temporais, inundações, secas, incêndios florestais, pragas e outras catástrofes ambientais vomitadas diariamente pela mídia. O que fazer agora para nos ajustarmos a tais mudanças e evitarmos ou diminuirmos o sofrimento de bilhões de pessoas em todo o mundo? É a tarefa, o desafio. No mais, só vaidade das mariposas acadêmicas e políticas loucas por holofotes.

Desse documento, destacam-se:

- O caráter e a severidade dos impactos dos fenômenos climáticos extremos dependem da exposição e da vulnerabilidade (p. 1).
- A gestão de risco dá foco na redução da exposição e da vulnerabilidade, e no aumento da resiliência.

---

[1] Há políticos decentes. Nós os colocamos lá. Os corruptos também.

- A adaptação e a mitigação podem complementar uma à outra e reduzir significativamente os impactos da mudança climática.

- A exposição e a vulnerabilidade são dinâmicas, variam com o tempo e o espaço, e dependem de fatores econômicos, sociais, geográficos, demográficos, culturais, institucionais, ambientais e de governança (p. 4).

Certamente os indivíduos e as comunidades estão expostos e vulneráveis à mudança climática de formas diferentes. Dependem das desigualdades expressas por meio dos níveis econômicos, de saúde, educação e outros, bem como do gênero, idade, classe e outras características sociais e culturais.

- Os padrões de urbanização influenciam na exposição e vulnerabilidade (p. 4).

Isso ocorre principalmente nos países pobres ou em desenvolvimento. Quer seja por ocupação desordenada do solo, favelização de morros, várzeas e outras, ou por urbanização rápida, normalmente sem planejamento algum, ou com planejamento, mas sem gestão para implantação.

Citem-se dois exemplos de populações altamente vulneráveis no Brasil devido à urbanização acelerada e sem planejamento ou gestão caótica:

1. A cidade de Águas Lindas, Goiás, que em uma década saltou de 60 mil habitantes para 160 mil (de acordo com o IBGE) ou de 230 mil (de acordo com a CELG – Companhia de Energia Elétrica de Goiás);
2. A cidade de Águas Claras, Distrito Federal, que em apenas dez anos de criação chegou a 150 mil habitantes, nos seus 650 prédios perigosamente espremidos em apenas 800 hectares, sob solo hidromorfo e nascentes de água oligomineral, com trânsito caótico e áreas de lazer restritas.

- As perdas econômicas devido à mudança climática têm aumentado ano a ano e são maiores nos países em desenvolvimento (p. 7).

O relatório acentua que entre 1970 e 2008 cerca de 95% das mortes decorrentes de desastres naturais ocorreram em países em desenvolvimento. Entre 2001 e 2006 os países ricos perderam 0,1% do seu PIB, enquanto os pobres

Foto 1. *O sufoco de Águas Claras, DF, dezembro de 2011.*

perderam 0,3% (p. 7). Isso quer dizer que quanto mais pobre um país, maiores serão os danos impingidos à sua economia e à sua população. A mudança climática pune imediatamente os "ferrados" em curto prazo (mas certamente, a todos, em longo prazo).

- As práticas e políticas de desenvolvimento são críticas para formatar os riscos de desastres (p. 8).

Acentua a crescente interconectividade e mútua interdependência global entre os sistemas econômicos e ecológicos. Ocorre que essa percepção ainda não é comum no meio empresarial ou governamental. A depender da adoção ou não dessa abordagem, os efeitos podem ser contrastantes, reduzindo ou ampliando a vulnerabilidade e o risco de desastres.

- As Nações farão a gestão de risco mais eficientemente se incluírem este elemento nos seus planos de desenvolvimento e se elas adotarem estratégias de adaptação à mudança climática, traduzindo-as em ações objetivando atender grupos e áreas vulneráveis (p. 8).

Muitos países pobres, ou em desenvolvimento, sequer possuem planos de desenvolvimento, imagine plano de gestão de risco! (desculpem o uso frequente de exclamações, mas não criaram ainda outros sinais que possam expressar o meu grau de descontentamento).

A maior parte dos povos da Terra está absolutamente despreparada para enfrentar os desafios da mudança climática. Os poucos que estão o fazem calados, reservados. Guardam para si as formas, as fórmulas, as fontes e deixam outros efes para os demais.

Os encontros intergovernamentais sucessivos promovidos pela ONU têm resultado em mais fracassos e frustrações do que em conquistas, como será visto nos próximos itens deste trabalho.

- A reconstrução pós-desastres oferece uma grande oportunidade para a implantação de medidas que melhorem a capacidade de adaptação das comunidades (p. 8).

Durante muito tempo ainda a mudança climática vai continuar infernizando a vida das pessoas. A reconstrução pós-desastre tem sido morosa, ineficiente e insuficiente, quase letárgica.

Deve-se a uma mistura cruel de fatores políticos, sociais, econômicos, entre outros, onde não falta componentes como burocracia, corrupção, má qualificação e falta de sintonia entre as instituições. Este último componente, a propósito, é citado pelos cientistas:

- Uma integração maior entre gestão de risco e adaptação à mudança climática, com a incorporação de ambos nas políticas e práticas de desenvolvimento, internacional, nacional e local podem prover benefícios em todas as escalas (p. 9).

À página 9, uma advertência a setores específicos:

- Os eventos climáticos extremos terão seus maiores impactos em setores com ligações mais estreitas com o clima, como a provisão de água, a agricultura e a produção de alimentos, saúde e turismo.

Obviamente também se incluem aqui os setores de produção de energia elétrica (hidrelétricas) e de recursos florestais. Grandes impactos igualmente já se produzem nos setores de infraestrutura, haja vista a destruição de estradas, pontes, viadutos, linhas de transmissão de energia elétrica, redes de esgoto, pavimentações, estações de tratamento de água etc.

- Há medidas que são pontos de partida que beneficia o enfrentamento das tendências esperadas em exposição e vulnerabilidade à mudança climática (p. 13).

Atribui-se ao uso sustentável do solo, incluindo planejamento de uso da terra, o manejo e restauração de ecossistemas, melhorias no sistema de saúde, suprimento de água potável, saneamento, sistemas de drenagem, códigos de construção e naturalmente melhoria na qualidade da educação (indiretamente, também na qualidade do processo de Educação Ambiental, convenientemente inexistente na maioria dos contextos).

- A integração do conhecimento local com o conhecimento técnico-científico pode promover a redução de riscos e adaptação à mudança climática (p. 14).

É conhecida a arrogância da tecnocracia embutida em projetos envolvendo bens públicos. Raramente o saber local é ouvido. As decisões são tomadas, em sua maior parte, nos gabinetes, afastados das realidades, hieroglifados e encaminhados para pranchetas visionárias que defecam projetos inócuos (desculpem o tom escatológico,[2] mas, convenhamos, diante dos fatos que temos, cabível).

- A comunicação eficiente dos riscos é crítica para a adaptação e gestão de risco.

Inegavelmente houve avanços na Defesa Civil, no Brasil. Tempos atrás, os moradores daqueles prédios que desabaram no verão de 2012, em Belo Horizonte, estariam sob escombros. Dada a eficiência da Defesa Civil, os moradores retirados a tempo puderam acompanhar as imagens do desabamento nos noticiários, encarnados, em local seco e seguro.

Porém, essa condição de prevenção ainda é restrita. A maioria dos mais de 5 mil municípios brasileiros não dispõem de elementos mínimos de atuação

---

2 Referente à escatologia: tratado ou estudo dos excrementos.

nessa área. Além disso, os recursos destinados à Defesa Civil e aos órgãos que executam políticas de prevenção e afins são absolutamente insuficientes. Ainda não há a visão da mudança climática como algo que precisa ser considerada como real e capaz de transtornar famílias, empresas, economia, estado de direito, ordem e progresso.

No fundo, a visão do que seja "desenvolvimento" terá que mudar, se se desejam cenários diferentes dos atuais.

O diagrama a seguir sistematiza as conectividades entre o risco de desastre e os eventos climáticos, a vulnerabilidade e a exposição.

```
Eventos climáticos         ➕        Vulnerabilidade
   exacerbados                    (social, econômica, política)
           ↘                       ↙
              Aumento da exposição
                      ↓
            Aumento do risco de desastres
```

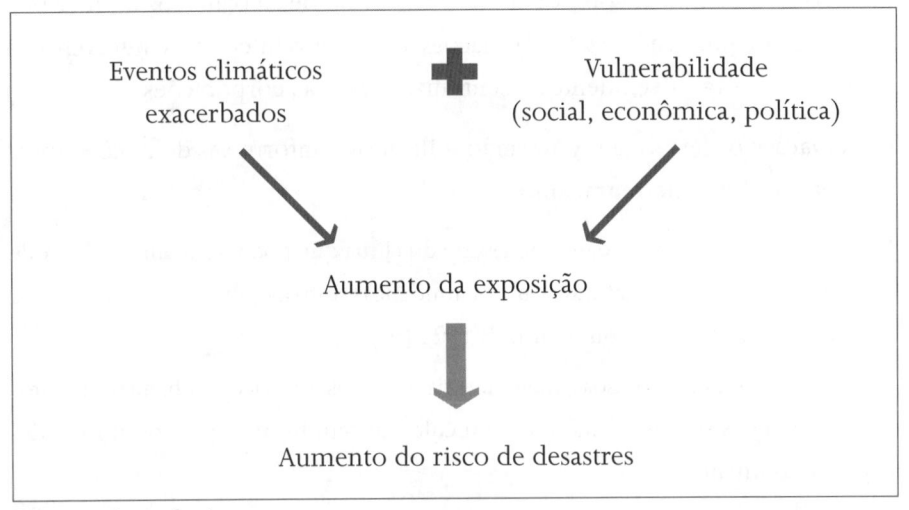

Figura 1. *A teia do risco.*

No documento (p. 19), aponta-se as seguintes abordagens para a adaptação e gestão de risco sob condições de mudança climática:

◇ reduzir a exposição;
◇ reduzir a vulnerabilidade;
◇ aumentar a resiliência;
◇ preparar, responder, reconstruir;
◇ compartilhar riscos;
◇ transformar.

E apresenta como opções para redução da exposição e vulnerabilidade:

- mapas de vulnerabilidade e elenco de medidas;
- informação ao público (o que se deve e não deve fazer);
- sistema de alarmes;
- uso de redes sociais para atingir grupos vulneráveis;
- planos de evacuação;
- melhorar a capacidade de previsão meteorológica.

A maioria dos países não tem como fazer 1/5 disso se não houver cooperação internacional, coisa cada vez mais difícil de se concretizar, quer por empobrecimento generalizado das nações, quer pelos interesses e intervenções miserabilizadoras, excludentes e centralizadoras das corporações.

Observação: os termos a seguir serão utilizados conforme as definições apresentadas pelo IPCC neste trabalho.

Mudança Climática: uma mudança no estado do clima que pode ser identificado. Pode ser devido a processos naturais ou por mudanças antropogênicas persistentes na composição da atmosfera ou no uso da terra (p. 2).

Exposição: a presença de pessoas, meio de vida, recursos e serviços ambientais, infraestrutura, ou bens sociais, econômicos ou culturais, em lugares que possam ser afetadas adversamente.

Vulnerabilidade: propensão ou predisposição para ser afetado/atingido adversamente.

Gestão de risco de desastre: processo para configurar, implantar e avaliar estratégias, políticas e medidas para promover a compreensão do risco de desastre e preparar respostas e práticas de recomposição, com o propósito explícito de aumentar a segurança humana, bem-estar, qualidade de vida, resiliência e desenvolvimento sustentável.

Adaptação: nos sistemas humanos, é o processo de ajustamento ao clima atual ou esperado, e seus efeitos, de modo a moderar os danos ou explorar oportunidades de benefícios.

Resiliência: a habilidade de um sistema e de seus componentes em antecipar, absorver, acomodar ou se recompor de efeitos de eventos danosos, de maneira eficiente e em tempo, por meio da preservação, restauração ou melhoria das suas estruturas e funções essenciais.

Transformação: a alteração de atributos fundamentais de um sistema.

4. Relatório Planeta Vivo, 2008

Em outubro de 2008 a WWF, a maior rede de ambientalistas independentes do mundo, com 5 milhões de associados e atuação em mais de cem países, apresenta ao mundo o seu "Relatório Planeta Vivo 2008".

Publicado a cada dois anos desde 1998, o relatório Planeta Vivo da Rede WWF visa mostrar como estão os recursos naturais e o impacto exercido por atividades humanas.

No relatório acentua-se que:

- A recente crise financeira mundial constitui um alerta grave para as consequências de se viver com padrões de consumo insustentáveis. Essa crise torna-se menor se comparada à ameaça da quebra do crédito ecológico que ocorre quando a demanda por recursos naturais (Pegada Ecológica[1]) é maior que a biocapacidade[2] do planeta ou de um país.
- A atual pegada ecológica global da humanidade excede, hoje (outubro de 2008), em cerca de 30% a capacidade de regeneração da Terra.

---

1 *Pegada Ecológica*: área necessária para produzir os recursos que utilizamos e para absorver as emissões de carbono, expressa em hectares (média) de terra ou mar produtivo no mundo.

2 *Biocapacidade*: quantidade de área biologicamente produtiva – zona de cultivo, pasto, floresta e pesca – disponível para atender às necessidades dos seres humanos.
A biocapacidade está distribuída de forma desigual. Oito países – Estados Unidos, Brasil, Rússia, China, Índia, Canadá, Argentina e Austrália – possuem mais do que a metade do total da biocapacidade mundial. Os padrões de crescimento populacional e de consumo fazem com que três desses países sejam devedores ecológicos por terem uma pegada superior à sua biocapacidade nacional, ou seja, a demanda por recursos naturais e os resíduos lançados é maior do que podem oferecer e absorver.
São eles: Estados Unidos (pegada 1,8 vez maior do que sua biocapacidade nacional), China (2,3 vezes) e Índia (2,2 vezes). Em termos regionais, somente os países europeus fora da União Europeia e os países da África, da América Latina e Caribe permanecem dentro dos limites de sua biocapacidade.

- A análise geral feita pela GFN[3] da Pegada Ecológica mostra que cada pessoa da Terra, hoje, precisa de 2,7 hectares/ano; porém, o planeta só tem disponível 2,1 hectares/ano!

- Se nossa demanda continuar nesse mesmo ritmo, em meados de 2030 iremos precisar de dois planetas para manter nosso estilo de vida.

- Consumimos de forma excessiva os recursos naturais mais rapidamente do que eles podem ser repostos. Assim como a gastança imprudente ocasionou a atual crise econômica, o consumo imprudente está exaurindo o capital natural do mundo, colocando em risco a prosperidade futura.

- Essas perdas estão sendo causadas pelo desmatamento e conversão de florestas em lavouras e pastagens nas áreas tropicais, impacto das barragens e desvios de água, aumento do número de cabeças de gado, poluição, sobrepesca e pesca predatória. Incluem-se aí os impactos das mudanças climáticas porquanto as temperaturas mais elevadas dos mares e a redução das chuvas e do fluxo nos cursos d'água afetam muitas espécies.

- As emissões de carbono ocasionadas pelo uso de combustíveis fósseis e as mudanças no uso do solo (desmatamento, queimada, aumento de áreas de cultivo e pastagens, por exemplo) constituem o maior componente da Pegada da humanidade, o que realça a principal ameaça ao nosso planeta: as mudanças climáticas.

O relatório apresenta o Índice Planeta Vivo (IPV), uma série de comparações entre a Pegada Ecológica e a biocapacidade disponível em níveis global, nacional e local. Os dados obtidos considerando o período 1970-2005 são estarrecedores: o IPV das florestas tropicais sofreu uma redução de 62%; as espécies terrestres 33%; a água doce 35%; as aves 20% e os mamíferos 19%.

O relatório registrou o impacto de consumo humano sobre os recursos hídricos do planeta e a vulnerabilidade da sociedade à escassez de água em muitas regiões.

Como consequência direta, os preços mundiais dos produtos agrícolas tiveram aumentos recordes, em grande parte devido à crescente demanda por

---

[3] Rede da Pegada Global (*Global Footprint Network* – GFN). Disponível em: <http//: www.footprintnetwork.org>

alimento, ração animal e biocombustíveis, e, em alguns casos, também pelos estoques minguantes de água doce, acentua o relatório.

A calota de gelo polar no Ártico ficou rodeada de água (o gelo está desaparecendo a uma velocidade sem precedentes devido ao impacto da Pegada de Carbono dos seres humanos que resulta no aquecimento global).

Segundo o relatório, o desmoronamento do crédito ecológico é um desafio mundial. Mais de 75% da população mundial vive em nações que são devedoras ecológicas, pois seu nível de consumo nacional superou a biocapacidade do país.

Assim sendo, a maioria dessas nações está sustentando seu atual estilo de vida e crescimento econômico por meio da retirada cada vez maior do capital ecológico de outras partes do mundo.[4]

O relatório revela ainda:

- Os Estados Unidos e a China possuem as maiores pegadas nacionais, cada um totalizando cerca de 21% da biocapacidade global. Mas cada um dos cidadãos dos Estados Unidos demanda uma média de 9,4 ha (ou quase 4,5 planetas se a população mundial tivesse os mesmos padrões de consumo deles), enquanto os cidadãos da China usam uma média de 2,1 ha do mundo por pessoa (um planeta).

    Isso é um contraste se comparado com o Congo, que tem a sétima mais alta biocapacidade por pessoa, com 13,9 ha do mundo por pessoa, e uma pegada média de apenas 0,5 ha do mundo por pessoa. Mas o Congo enfrenta uma perspectiva de ter sua biocapacidade degradada devido ao desmatamento e ao aumento de demanda de uma população em crescimento e das pressões de exportação.

Sobre a demanda, a disponibilidade e o estresse hídrico o relatório assinala:

- As novas medidas da Pegada Ecológica Hídrica consideram a água sob uma nova perspectiva, qual seja, a da produção dos bens além da usual

---

4 No Brasil, um estudo de Pegada Ecológica de uma cidade realizado em 1998 (Dias, 2006) revelou essa mesma tendência. Esse "Dias" sou eu mesmo. Esse estudo foi mostrado no livro *Pegada ecológica e sustentabilidade humana* (São Paulo: Gaia, 2002). Pronto: fiz o comercial.

ótica do consumo. Esse novo resultado indica a importância da água comercializada sob a forma de *commodities*.

Hoje, cerca de 50 países enfrentam um estresse hídrico em grau moderado ou severo e o número de pessoas que sofrem com a escassez permanente ou sazonal da água deve aumentar em decorrência das mudanças climáticas.

E conclui:

- Não é mais possível ignorar os recursos naturais nos modelos de negócio praticados nas diferentes atividades econômicas. O capital natural é tão importante quanto o financeiro, o humano e o material envolvidos na produção de qualquer bem.

  Enquanto o custo de preservá-lo adequadamente não estiver incluído no preço dos produtos, estaremos caminhando rapidamente para exaurir o nosso crédito ecológico.

É muito difícil para um empresário sem visão ambiental perceber que o capital natural é tão importante quanto o financeiro.

É muito mais difícil para um empresário com visão ambiental perceber que o capital natural é tão importante quanto o financeiro. Isso abalaria as suas convicções e resultaria em profundos abalos em seus fundamentos econômicos. Esses são intocáveis porquanto canonizam a exploração a qualquer custo, pilar do lucro.

5. Os relatórios sobre mudança climática do IPCC, 2007

O IPCC é o Painel Intergovernamental sobre Mudança do Clima (*Intergovernamental Panel on Climate Change*). Foi estabelecido em conjunto pela Organização Mundial de Meteorologia (WMO – *World Meteorological Organization*) e pelo Programa das Nações Unidas para o Meio Ambiente (*Unep – United Nations Environment Programme*), em 1988.

Foi criado com o objetivo de:

◇ avaliar as informações científicas existentes sobre a mudança do clima;
◇ avaliar os impactos ambientais e socioeconômicos da mudança do clima;
◇ formular estratégias de resposta.

Reuniu cientistas de 90 países. Produziu relatórios sobre a mudança climática em 1990, 1996, 2001, 2007, 2013 e por aí segue.

No início ninguém dava importância para tais relatórios. Mas, à medida que a coisa foi ficando feia, ninguém mais deu realmente nenhuma importância.

Apesar da indiferença dos setores governamentais e empresariais, a mídia – diria a santa mídia salvadora – percebeu a merda na cabeça das corporações (que por sua vez tem os seus sapatos lustrados pela maioria dos governos) e colocou a boca no trombone (sei que é chula essa linguagem, mas a ocasião pede. Paciência).

Aí ocorreu uma enxurrada de manchetes, edições especiais, documentários, entrevistas e um bombardeio de imagens, indignações, interrogações, manifestações e tudo o mais que a moçada das redações puderam fazer para escancarar essa pouca vergonha, em todo o mundo.

Sem a mídia já teríamos sido convencidos de que nada realmente está acontecendo, e que o modelo de desenvolvimento vigente é coisa dos deuses, e que estamos todos sendo conduzidos para um paraíso de felicidade permitida via satisfação de consumo.

Sem a mídia livre, atrevida, inconformada, irrequieta e "inconveniente" nada se revelaria e a essa altura estaríamos todos chernobilizados, bhopalizados, minamatizados, cubatãonizados e amiantados.[1] Inocentes como uns idiotas, pois os cientistas em sua maioria se escondem em sua festejada timidez para escamotear seu medo. Não fosse a insistência de um(a) jornalista mais atirada, jamais suas descobertas chegariam ao grande público, pois este não tem acesso às publicações chamadas "qualificadas" onde eles enterram seus trabalhos.

Vários eventos buscando entendimentos entre as partes foram realizados depois da primeira conferência sobre o meio ambiente e o desenvolvimento (Estocolmo, 1972).

Eis uma listagem-resumo das tentativas mais recentes, acopladas a outros eventos significativos:

1979	1ª Conferência Mundial sobre o Clima.
1988	Conferência de Toronto sobre Mudança do Clima
	Criação do IPCC.
1990	1º Relatório do IPCC.
	2ª Conferência Mundial sobre o Clima.
1992	Cúpula da Terra (Rio-92) Convenção sobre o Clima.
1995	CoP 1, Berlim, Alemanha.
1995	2º Relatório do IPCC.
1996	CoP 2, Genebra, Suíça.
1997	CoP 3, Quioto, Japão.
1998	CoP 4, Buenos Aires, Argentina.
1999	CoP 5, Bonn, Alemanha.
2000	CoP 6, Haia, Holanda (Parte I).
2001	CoP 6, Bonn, Alemanha (Parte II).
	CoP 7, Marrakesh, Marrocos.

---

1 Refiro-me aos desastres socioambientais decorrentes do que aconteceu em Chernobil, Bhopal, Cubatão e com o pó de amianto.

2013/2014	3º **Relatório do** IPCC.
2002	CoP 8, Nova Delhi, Índia.
2003	CoP 9, Milão, Itália.
2004	CoP 10, Buenos Aires, Argentina.
2005	CoP 11, Montreal, Canadá.
2006	CoP 12, Nairobi, Quênia.
	Relatório Stern.
2007	4º **Relatório do** IPCC.
	CoP 13, Bali, Indonésia.
2008	CoP 14, Poznan, Polônia.
2009	CoP 15, Copenhague, Dinamarca.
2010	CoP 16, Cancun, México.
2011	CoP 17, Johannesburg, África do Sul.
2012	CoP 18, Seul, Coreia do Sul.
2012	Fim do 1º Período de Compromisso, Protocolo de Quioto.
2013	5º **Relatório do** IPCC.
2050	CoP 46, Nastrangen, Costag (novos países criados pela fome).
2070	CoP 55, Em alguma sede de um grande banco.

Tais relatórios representam a reunião mais expressiva de informações e análises sobre a mudança climática global. Têm causado furor quando das suas divulgações. Sempre em linguagem excessivamente técnica, desagradam as corporações por ameaçar seus interesses e irritam os jornalistas que sofrem para decodificá-los em seus molhos.

É importante salientar que os relatórios do IPCC não são uma unanimidade (imagine se isso seria possível). Em todo o mundo vários pesquisadores não concordaram com as teorias do grupo.

No Brasil, cite-se o físico Luiz Carlos Molion, doutor em Meteorologia pela Universidade de Wisconsin, EUA, e professor da Universidade Federal de Alagoas.

Ele contesta a tese de aquecimento global e afirma ser uma tentativa de frear os países em desenvolvimento. Frisa que o ser humano não tem capacidade de mudar o clima global, que o sequestro de carbono é uma enganação e que possivelmente estejamos nos aproximando de mais uma era glacial (Melo, 2011, p. 18-26).

Observem que o professor Molion não é um aventureiro em busca de fama. Trata-se de um respeitável cientista com formação acadêmica notável e atuação responsável reconhecida.

Percebe-se uma grande contenda entre gigantes e não há consenso. Cada um tem as suas razões, argumentos e narrativas que devem ser respeitados. Afinal, o conhecimento científico que temos acumulado se processou dessa maneira.

E então, como ficamos?

Ficamos assim: vou pelas evidências objetivas: o clima mudou!

Agora, se foi por forças humanas ou naturais, se foi uma combinação disso, se são apenas expressões das variabilidades naturais periódicas, se vai esquentar ou esfriar, se foi intervenção de Netuno após um porre com Baco, se a turma do comando se perdeu ou se a Terra se cansou dos seres humanos e resolveu expeli-los antes que seja tarde. Sinceramente não me interessa. A essa altura dos acontecimentos, creio, essa discussão tem apenas validade acadêmica. Na prática, retarda as medidas de adaptação que precisam ser tomadas com urgência.

Quem já está sofrendo as consequências da mudança climática em seu bolso, na sua safra, na sua saúde, na sua segurança alimentar, hídrica e energética, entre outras vulnerabilidades, precisa de medidas imediatas para minorar suas aflições, e isso em todo o mundo.

Então, respeitando os vários lados da questão, reconhecendo o seu caráter polissêmico,[2] vamos examinar alguns elementos dos relatórios do IPCC.

De todos os relatórios já divulgados, certamente os de 2007 foram os que causaram o maior impacto.

As suas divulgações foram feitas em locais e tempos diferentes:

- ◇ Mudança do Clima 2007: A Base das Ciências Físicas
  França, Paris, fevereiro.
- ◇ Mudança do Clima 2007: Impactos, Adaptação e Vulnerabilidade
  Bélgica, abril.
- ◇ Mudança do Clima 2007: Mitigação
  Tailândia, Bangkok, maio.

---

2 Que tem várias interpretações.

Neste livro vamos tentar sumarizar e analisar alguns elementos desses relatórios.

Os relatórios de 2007 incorporam análises mais sofisticadas, com um número maior de modelos de clima, de crescente complexidade e realismo que permitiram reduzir as incertezas.

Enquanto no relatório de 2001 se trabalhou com o conceito "é provável" (60% de chance de estar certo), em 2007 já se trabalhou com "é muito provável" (90%).

Nos sumários dos relatórios foram utilizados os seguintes termos para indicar a probabilidade avaliada:

> 99%	praticamente certo
> 95%	extremamente provável
> 90%	muito provável
> 66%	provável
> 50%	mais provável que não
< 33%	improvável
< 10%	muito improvável

5.1 Relatório sobre mudança do clima 2007: a base das ciências físicas
(França, Paris, fevereiro)

O que diz o primeiro relatório de 2007? (as citações originais estão em **negrito**, seguidas do nosso comentário)

O aumento da concentração global do gás carbônico é devido ao uso de combustíveis fósseis e às mudanças de uso da cobertura da terra (90%).

A partir desse relatório, acredita-se que seja muito provável (90%) que o aumento da concentração de gás carbônico, na atmosfera, deva-se a atividades humanas.

Nós, seres humanos, fizemos e continuamos fazendo isso.

Queima de combustíveis fósseis: consumo de derivados de petróleo, principalmente gasolina, óleo diesel, óleo para caldeiras, querosene, gás de cozinha e outros, e carvão vegetal. Na combustão, sobra o gás carbônico que vai para a atmosfera.

Mudanças de uso na cobertura da terra: é a transformação da paisagem natural. Desmatamento, queimada, formação de pastagens, construção de represas, urbanização, por exemplo.

Para se ter uma ideia da capacidade humana de modificar a Terra basta imaginar 7-8-9 bilhões de seres humanos desmatando, queimando florestas, urbanizando, produzindo lixo e dejetos humanos, utilizando combustíveis, em todo o mundo. E cada vez mais.

A concentração de CO_2 passou de 280 ppm (1750, era pré-industrial) para 379 ppm (2005). Excede a média natural dos últimos 650 mil anos.

Essa é uma medida que vem reforçar, de forma clara, as estimativas dos cientistas. Mesmo considerando um período de tempo tão longo (650 mil anos), não se tem registro de um aumento tão grande e rápido.

Entre tais medidas, incluem-se aquelas das amostras de bolhas contendo ar atmosférico do passado aprisionado em camadas profundas do gelo, nos polos.

A emissão anual de CO_2 por combustíveis fósseis subiu de 6,4 GtC/ano nos anos 1990 para 7,2 GtC/ano nos anos de 2000 a 2005.

Uma GtC (gigatonelada de carbono) equivale a 1 bilhão de toneladas. O aumento rápido dessas emissões supera a capacidade de absorção dos ecossistemas. Dessa forma, acumula-se na atmosfera e aumenta o efeito estufa.

O consumo de combustíveis fósseis cresceu em todo o mundo. A frota de veículos passou de 430 milhões em 1998 para 1 bilhão, em 2008. Em 2012, atingiu 1,5 bilhão.

Para se ter uma noção do que isso significa basta imaginar cada um desses veículos despejando, em média, 150 gramas de CO_2 na atmosfera terrestre, a cada quilômetro rodado.

O metano CH_4 passou de 715 ppb em 1750, para 1732 ppb nos anos 1990, e para 1774 ppb em 2005.

A maior parte desse aumento teve origem antrópica. O metabolismo dos lixões, estações de tratamento, arrozais e pecuária despejaram metano para a atmosfera.

Foto 2. O autor ao lado do gráfico do CO_2 no Museu da Academia de Ciências da Califórnia. São Francisco, EUA, maio de 2011.

Todas essas atividades não param de crescer. Como exemplo, o Brasil tinha, em 2012, 210 milhões de bois espalhados em 200 milhões de hectares (a maior "frota" de fabricação de metano do planeta). Para complicar, o hábito trombótico[3] de comer carne de bois e vacas se espalhou pelo mundo. O Brasil é responsável pela expansão desse hábito, pois é o maior produtor mundial de gado para corte.

O efeito líquido global das atividades humanas desde 1750 foi de aquecimento, com um forçamento radiativo[4] de 1,6 W/m² (ou W.m⁻²).

Isso quer dizer que as atividades humanas estão causando um aquecimento de 1,6 watt por metro quadrado na superfície da Terra.

---

3 Refiro-me às "qualidades" reconhecidas da carne vermelha em favorecer entupimentos de artérias e outros eventos "maravilhosos".

4 Forçamento radiativo: é uma medida de influência de um fator na alteração do equilíbrio da energia que entra e sai do sistema Terra-atmosfera. O forçamento positivo tende a aquecer a superfície da Terra.

Ondas de calor têm afetado a vida das pessoas em todos os continentes. As pessoas mais idosas confirmam as mudanças.

Observações desde 1961 mostram que a temperatura média do oceano global aumentou em profundidade de até pelo menos 3 mil mm e que o oceano tem absorvido 80% do calor acrescentado ao sistema climático. Esse aquecimento faz com que a água do mar se expanda, o que contribui para a elevação do nível do mar (p. 7).

Evidências:

O aquecimento do sistema climático é inequívoco, como está agora evidente nas observações dos aumentos das temperaturas médias globais do ar e do oceano, do derretimento generalizado da neve e do gelo e da elevação do nível global médio do mar (p. 4).

As notícias na mídia corroboram as afirmações: imagens de geleiras desabando e blocos gigantescos de gelo desgarrados pelos oceanos enchem as revistas e os noticiários da TV.

É importante observar que a elevação do nível do mar não se deve exclusivamente ao derretimento das geleiras nos polos. Quando a água do mar é aquecida ela se dilata e aumenta de volume.

Muitas cidades litorâneas e países insulares já sabem o que isso significa. O mar está tomando seu lugar, empurrando as criaturas humanas para mais longe.

No Brasil, quem vive na paradisíaca[5] Praia do Saco (Sergipe) sabe o que isso quer dizer. Ou no litoral do Rio Grande do Norte, ou Olinda (Pernambuco), ou em São Tomé e Príncipe, e por aí afora.

A média global do nível do mar subiu a uma taxa média de 1,8 mm/ano no período de 1961 a 2003. A taxa foi mais acelerada entre 1993 e 2003, cerca de 3,1 mm/ano.

O aumento do nível do mar em apenas 3,1 mm por ano parece insignificante, mas considere o tamanho dos oceanos e mares deste planeta, e

---

5 Segundo os sergipanos e as sergipanas.

imagine a enorme quantidade de água necessária para fazer esse nível subir. Toda essa água veio do derretimento do gelo dos polos e das montanhas, em todo o mundo. Não veio do suor ou do xixi[6] dos céticos, e está acontecendo neste momento.

As geleiras montanhosas e a cobertura de neve diminuíram, em média, nos dois hemisférios.

São exemplos a redução da neve nos picos nevados dos famosos montes Kilimanjaro (África) e Fujiama (Japão). Em algumas estações de esqui na Suíça, e em outras partes do mundo, já se lançou mão de neve artificial para viabilizar as pistas. O frio se foi. Porém, quando surge, é excessivo, como ocorreu em 2011, dizimando rebanhos em Mato Grosso, ou em 2012, matando 400 pessoas, em uma só semana, na Europa.

Temos dois exemplos recentes:

1. Os montes nevados dentro do Yosemite National Park (Califórnia, EUA) estão desaparecendo. Os visitantes ficam estupefatos quando Bill Kuhn (Divisão de Ciência e Manejo de Recursos) demonstra em suas apresentações os eventos de mudança climática anteriormente registrados no parque.

2. A água que abastece São Francisco, Califórnia, vem do degelo da neve acumulada em Sierra Nevada. As pesquisas revelam que, nos últimos anos, o volume de água está reduzindo. É a afirmação de Bruce McGurk, diretor de pesquisa sobre água e geração de energia (*Water and power planning manager*, HHWP – Hetch Hetchy Water and Power Headquarters, Mocassin, Califórnia, EUA).

Nesse relatório os cientistas do IPCC assim resumiram as mudanças observadas no clima global:

- na temperatura e no gelo do ártico;
- na quantidade de precipitação;
- na salinidade dos oceanos;
- nos padrões de ventos;

---

6 Forma infantil de denominar a urina.

Foto 3. Já não se tem tanto gelo. Califórnia, São Francisco, EUA, maio de 2011.

Foto 4. Água de degelo para abastecer São Francisco. Califórnia, EUA, maio de 2011.

ARQUIVO PESSOAL DO AUTOR

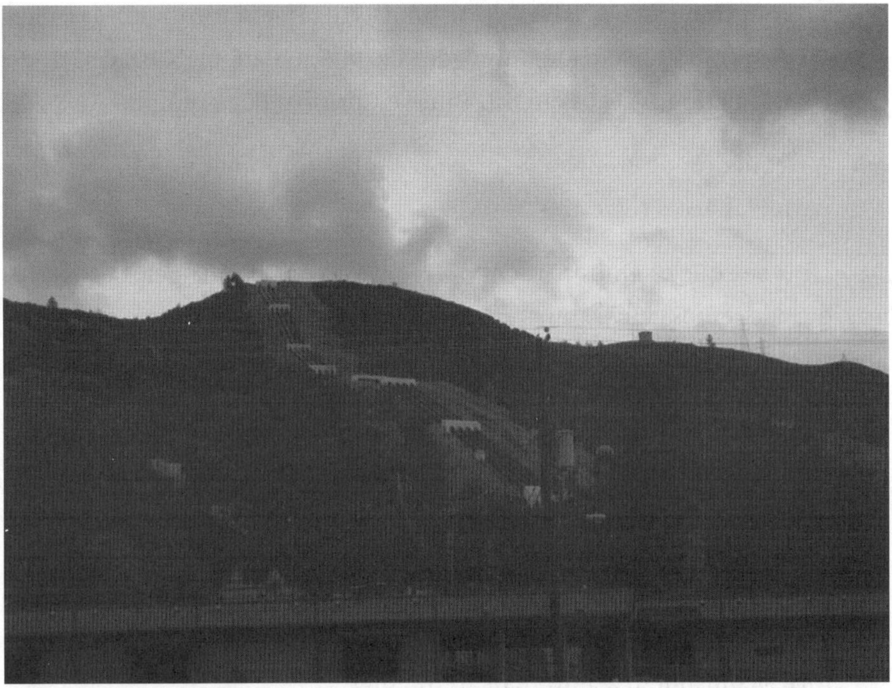

Foto 5. *Dutos que trazem a água do degelo para a estação de distribuição. Mocassin, Califórnia, EUA, maio de 2011.*

◇ nos eventos climáticos extremos:
- secas
- precipitações fortes
- ondas de calor
- intensidade dos ciclones tropicais (tufões e furacões)

Afirma-se também que

> as secas se tornaram mais intensas e mais longas e sobre áreas maiores desde 1970. O aumento do clima seco, temperaturas mais elevadas e redução na precipitação contribuíram para isso.

As secas, no Brasil, eram imagens próprias do Nordeste. Entretanto, ultimamente, áreas extensas do Sul e Sudeste já sofrem com as longas estiagens. No Rio Grande do Sul, Paraná e Santa Catarina, os carros-pipa surgiram na paisagem.

O clima seco também se espalhou. Os fenômenos de baixa umidade, no Brasil, eram mais restritos às regiões Centro-Oeste (o famoso clima seco de

Brasília, com umidades relativas do ar muito baixas, em torno de 20%, chegando até 8%). Na atualidade, umidades de 20%, ou até mais baixas, já são comuns nos períodos secos em São Paulo e Curitiba, por exemplo.

A frequência de eventos de forte precipitação aumentou sobre a maior parte das áreas terrestres.

Uma vez que estamos perdendo a regulação processada pelos ecossistemas, quando temos chuva ela ocorre de uma só vez, ou seja, chove em algumas horas o que era para chover em meses. Assim, se tornam muito frequentes as inundações e os deslizamentos de terra, com prejuízos incalculáveis.

Dias frios e noites frias, bem como geadas se tornaram menos frequentes, enquanto dias quentes, noites quentes e ondas de calor se tornaram mais frequentes.

É provável (>90%) que o calor extremo, ondas de calor e precipitações fortes continuem sendo mais frequentes.

Em 2003 uma onda de calor causou 30 mil mortes na Europa. Na França, frigoríficos armazenavam cadáveres de idosos que não eram procurados por seus familiares.

A partir de 2008 as imagens de ondas de calor em várias partes do mundo passaram a ser mais frequentes na mídia. O verão de 2010 dificilmente será esquecido pelos russos. Milhares de idosos morreram de calor e várias pessoas morreram afogadas ao se jogarem em lagos para se refrescarem.

Provavelmente, neste momento, o caro leitor já tenha outros exemplos para adicionar. Deixo o espaço a seguir para isso.

Espaço para acrescentar sufocos. Faça-o a lápis, pois logo você terá que apagar para acrescentar mais coisas...

É provável (>90%) que a maior parte do aumento observado nas temperaturas médias globais desde meados do século XX se deva ao aumento observado nas concentrações antrópicas de gases de efeito estufa. Essa afirmação representa um avanço em relação ao relatório do IPCC de 2002 (é provável >66%) (p. 14).

Isso quer dizer que no relatório de 2002 os cientistas atribuíam uma chance de 66% de estarem certos. Em 2007 essa chance passou para 90%, o que se deve ao desenvolvimento de novas tecnologias e conceitos que resultaram em ferramentas de modelagens, medições e análises mais sofisticadas e precisas.

Tais ferramentas permitiram aos cientistas verificar que as influências humanas estão atingindo outros elementos do clima, conforme citado no relatório:

> Influências humanas discerníveis agora se estendem a outros aspectos do clima, inclusive o aquecimento dos oceanos, temperaturas médias continentais, extremos de temperatura e padrões de vento.

Essa afirmação causou muita polêmica. Os céticos (do aquecimento) se apegavam à variabilidade natural. Na atualidade, não há mais espaço para essas desconfianças. A mudança climática é uma realidade.

Para as próximas duas décadas, projeta-se um aquecimento de cerca de 0,2 °C por década (p. 10). É provável (>66%) que uma duplicação da concentração do CO_2 gere um aquecimento médio global de 2 a 4,5 °C, com uma melhor estimativa de 3 °C (p. 9).

Esses 3 °C são suficientes para abalar toda a organização social, política, econômica e ecológica que se conhece hoje. Tais perturbações podem ocorrer pela sinergia (combinação de fenômenos que se reforçam)[7] de vários fatores atuando ao mesmo tempo, como os exemplos a seguir.

O aquecimento tende a reduzir a remoção do CO_2 atmosférico pelo solo e pelo oceano, aumentando a fração de emissões antrópicas que permanecerão na atmosfera (p. 11).

---

[7] Sei que você conhece o significado. Apenas para recordar ou, em algum caso, evitar que o leitor perca tempo indo a um dicionário, e com isso, a dinâmica de leitura seja prejudicada.

Essa situação cria um ciclo de complicações. Quanto mais a Terra aquece, menos os solos e os oceanos conseguem retirar o dióxido de carbono da atmosfera. Com isso ele se acumula, aumenta o efeito estufa e aquece a Terra. E o ciclo recomeça.

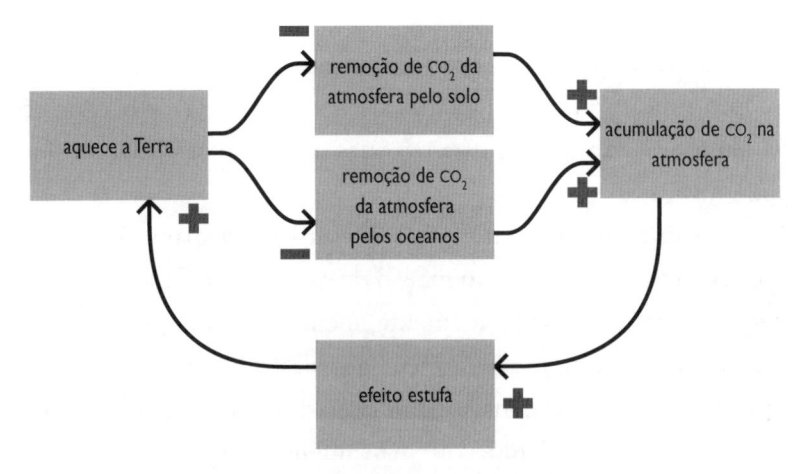

Nos relatórios os cientistas referem-se a esse processo como "retroalimentação positiva", que pode ser visualizado como uma bola de neve descendo a montanha.

Essa situação se torna mais complicada quando se sabe que o trabalho de remoção do CO_2 pelos oceanos é feito pelas algas. E elas morrem quando a temperatura sobe.

Cria-se mais um ciclo complicador.

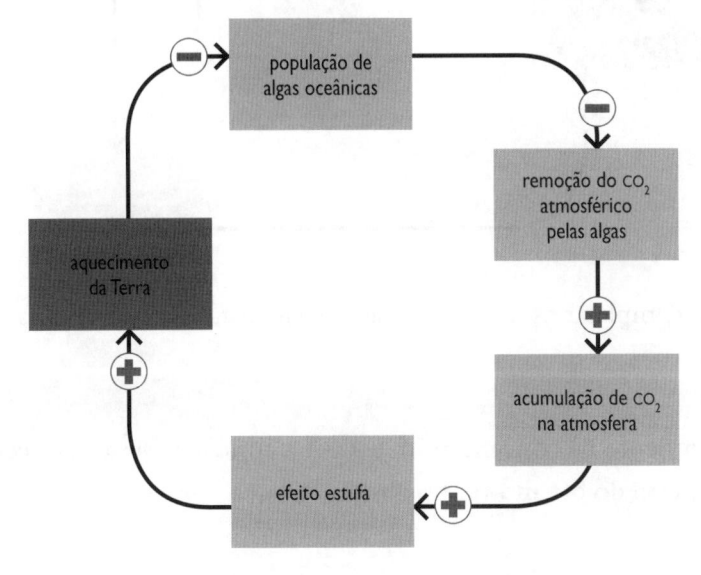

Nesse ponto ocorre um fenômeno instigante descrito por James Lovelock (2006, p. 43): aquelas nuvens brancas que pairam sobre os oceanos (estrato--marinho brancas) não eram bem compreendidas pelos cientistas. Na verdade, até o relatório de 2001 do IPCC ninguém tinha prestado muito atenção às nuvens.

Agora se sabe que aquelas nuvens brancas são produzidas pelas algas e têm como função refletir a radiação do sol e proteger os oceanos contra o aquecimento! Nenhum cientista em suas elucubrações poderia imaginar tamanha sofisticação sistêmica.

Então, o aumento do efeito estufa, na verdade, dispara vários mecanismos que vão alimentá-lo. Quanto mais o oceano se torna aquecido, menor é o número de algas e, consequentemente, menor o número de nuvens brancas. Com isso, os oceanos perdem o seu "guarda-sol" e aquecem mais, o que causa mais mortes de algas e mais acumulação de CO_2 na atmosfera. Aí começa tudo outra vez e a cada instante com mais intensidade.

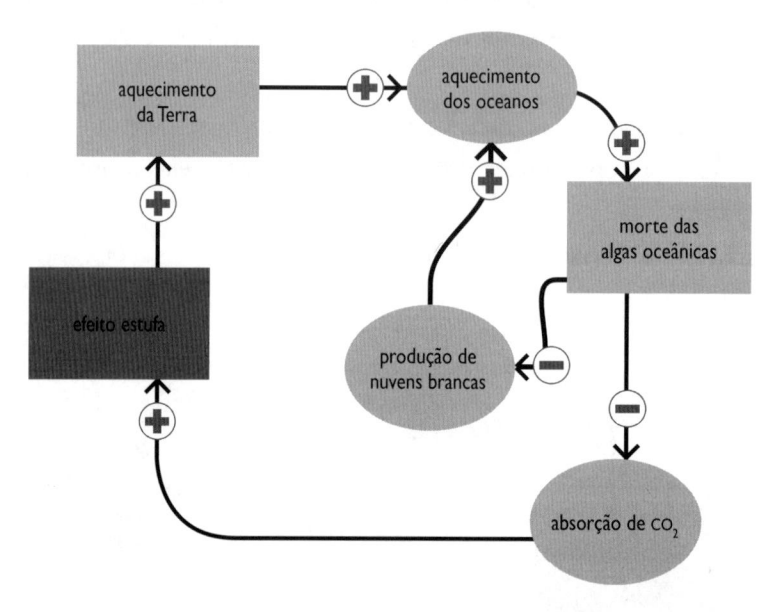

Para completar essa complicação, os cientistas citam à página 12 desse relatório:

O aumento da concentração de CO_2 na atmosfera leva à crescente acidificação do oceano (p. 12).

Ou seja, o aumento da concentração de CO_2 leva à redução do pH (aumenta a acidez). As algas não se dão bem em meio ácido e com isso morrem. Com a redução de sua população cai a produção de nuvens brancas, o que faz a temperatura do oceano subir e causar a morte de mais algas (*feedback* positivo).

A progressiva acidificação dos oceanos também prejudica outros organismos marinhos como os corais, por exemplo, desencadeando uma sequência de danos às suas espécies dependentes. Sem os corais inúmeras espécies de peixes desaparecem e a pesca fica prejudicada. Uma bela encrenca![8]

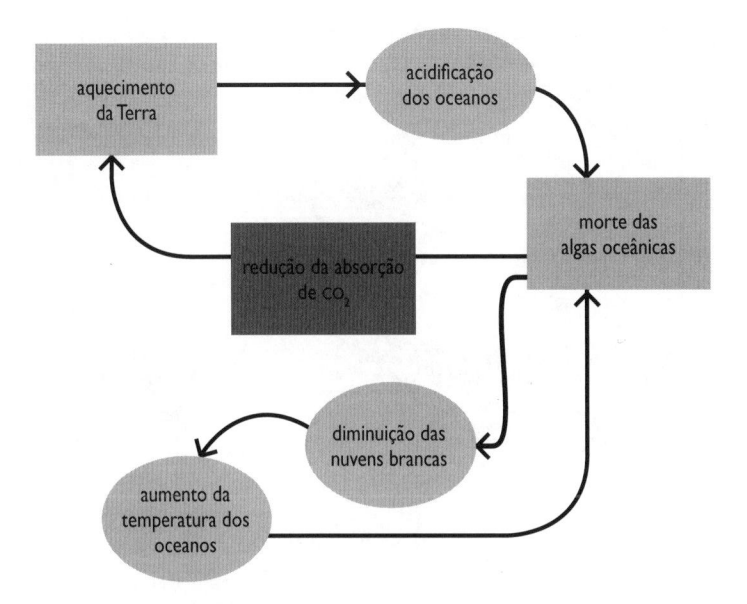

Projeta-se uma contração da cobertura da neve e aumento da profundidade do derretimento na maior parte das regiões de gelo no subsolo (permafrost) (p. 12).

O *permafrost* é um tipo de solo que ocorre nas regiões geladas. Nesses solos há uma grande quantidade de dióxido de carbono armazenado. Há também cristais chamados *clatratos* que armazenam o gás metano (CH_4).

Ao perder a camada de gelo que o protegia da radiação do sol (o gelo, por ser branco, reflete quase a totalidade da radiação solar que recebe), o *permafrost* passa a absorver mais calor e se aquece. Com isso passa a desprender o

---

8 Tem bicho mais acomodado que pescador? Só colhe.

CO_2 e o CH_4[9] ali armazenados, para a atmosfera. Uma espécie de "armadilha" ou "aviso" da Terra: "não mexam com o gelo dos polos".

O gelo dos polos permite a existência das correntes de ar e dos oceanos. Sem ele o calor do Sol seria um desastre para a vida na Terra.

Essa é uma das revelações mais pungentes e intrigantes do drama da mudança climática, e expõe a sofisticação escamoteada dentro das redes de conectividades para a manutenção da vida no planeta. Ainda estamos muito longe de perceber, em sua magnitude, essas ligações.

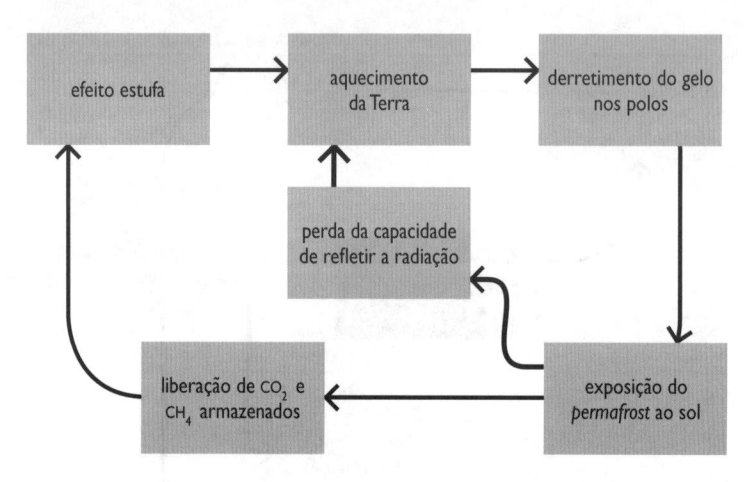

```
efeito estufa → aquecimento da Terra → derretimento do gelo nos polos
        ↑              ↑                        ↓
        |     perda da capacidade               |
        |     de refletir a radiação ←──────────|
        |                                        |
        └── liberação de CO₂ e  ← exposição do
            CH₄ armazenados       permafrost ao sol
```

São muito prováveis (> 90%) os aumentos da quantidade de precipitação nas altas latitudes, enquanto reduções são prováveis (> 66%) na maior parte das regiões terrestres subtropicais (em até cerca de 20% no cenário A1B em 2100) (p. 12).

A despeito de se citar o ano de 2100, já no início da segunda década de 2000 pôde-se perceber a mudança de comportamento das estações, bem como um aumento vertiginoso nos eventos de inundações em todo o mundo.

As emissões antrópicas de CO_2 passadas e futuras continuarão contribuindo para o aquecimento e a elevação do nível do mar por mais de um milênio, em razão das escalas de tempo necessárias para a remoção desse gás da atmosfera.

---

[9] Lembrar que o metano tem um potencial de aquecimento da atmosfera 21 vezes superior ao gás carbônico.

Nessa afirmação dos cientistas podemos observar a dimensão dos estragos que temos causado aos sistemas naturais da Terra. Mesmo daqui a mil anos ainda poderemos sofrer as consequências dos desequilíbrios causados por desmatamentos, incêndios florestais, poluição, uso de combustíveis fósseis, consumismo desregrado e outros.

O que se faz à Terra, e às próximas gerações, é inaceitável para uma espécie inteligente. Há aí um misto de insanidade, apercepção e ignorância regada à ganância. Um dilema, antes de tudo, ético.

5.2 Relatório sobre mudança do clima 2007: impactos, adaptação e vulnerabilidade (Bélgica, abril)

Curiosamente a mídia internacional deu pouco destaque a esse segundo relatório do IPCC de 2007, justamente o que trazia os elementos mais graves da mudança global do clima (mudanças nos sistemas biológicos, por exemplo).

Para a produção desse relatório os cientistas utilizaram 29 mil séries de dados (selecionados de 80 mil).

As análises mostram que "o aumento de temperatura global observado é devido ao aumento das emissões de gases de efeito estufa produzidos pelo ser humano" (com uma chance >90% de acerto; p. 3).

No relatório enfatiza-se que "observações em todos os continentes e oceanos mostram que muitos sistemas naturais estão sendo afetados por mudanças climáticas regionais, particularmente, aumento de temperatura".

Em seguida listam-se as constatações:

- degelo do *permafrost*;
- mudanças em ecossistemas do Ártico e Antártida;
- aquecimento de rios e lagos, em todo o mundo;
- acidificação dos oceanos;
- mudanças na abundância de algas, zooplanctons e peixes;

- mudanças nos sistemas biológicos do ambiente aquático (marinho e água doce) o que inclui redução na cobertura do gelo, salinidade, níveis de oxigênio e circulação; mudanças na migração (mais cedo).

E conclui afirmando:

"O aquecimento global está afetando sistemas biológicos terrestres em todo o mundo" (estações do ano, migração de aves e períodos de nidificação – postura de ovos).

Ou seja, está desorganizando a vida no planeta. Estão sendo desmontados os processos de regulação dos equilíbrios dinâmicos que permitem a existência da vida na Terra.

É óbvio que os sistemas reagem e buscam novos equilíbrios para neutralizar as perturbações impostas. O que pode ocorrer é que nessas novas organizações a espécie humana não tenha condições adaptativas para se ajustar às novas configurações, isto é, o seu equipamento genético de sobrevivência se torne inadequado às novas formatações (composição química da atmosfera, umidade relativa do ar, temperatura ambiente, por exemplo).

Temos nos ajustado e sobrevivido às diversas mudanças ambientais graças à nossa evolução cultural (conhecimento científico, tecnológico, artes, estética, organização política, social, econômica, religiosa, paradigmas, ética, valores e outros). Essa evolução pode ocorrer rapidamente. Mas a evolução genética leva milhões de anos. Mudanças ambientais rápidas ou bruscas não permitem que esse mecanismo atue de forma a permitir a sobrevivência. Foi assim que 99,99% das espécies da Terra desapareceram em eventos dessa natureza, em diversas ocasiões. E nós temos nos esforçado muito para que isso aconteça com a nossa civilização.

Na sequência, o relatório traz considerações específicas sobre:

- Água.
- Ecossistemas.
- Alimentos.
- Sistemas costeiros e áreas baixas.
- Indústria, assentamentos e sociedades.
- Saúde.

Resumindo:

Água

Por volta de 2050 a disponibilidade de água está projetada para crescer de 10% a 40% nas altas latitudes e decrescer de 10% a 30% nas regiões secas (médias latitudes) onde já existem áreas estressadas. As áreas afetadas por secas aumentarão.

Por um desses mistérios da natureza, justamente nos países ricos (altas latitudes: mais afastados da linha do Equador) a disponibilidade de água vai aumentar!

Os países de climas semiáridos e áridos serão os que vão sofrer com mais intensidade tais mudanças. Ou seja, a redução ocorrerá exatamente nas regiões que já experimentam escassez. Reduzir de 10% a 20% de quem já não tem é um desastre.

Porém, não apenas as pessoas que vivem nessas regiões serão submetidas a situações de falta d'água. Quem vive em regiões geladas também:

No decorrer do século o suprimento de água estocada em gelo e neve declinará, reduzindo a disponibilidade de água em regiões supridas por água degelada, atingindo 1/6 da população mundial. (p. 7).

Muitos países já sofrem com esse processo em todos os continentes. Muitos povos do mundo dependem da água de degelo. A redução de área coberta com gelo e neve será uma tragédia de proporções monstruosas.[10]

Uma afirmação no relatório, que chama a atenção, é a ocorrência de situações opostas. Ou falta água ou existe água em demasia. Esse é um dos sintomas mais claros de alteração nas regulações dos ecossistemas.

Eventos de precipitação fortes aumentarão em frequência, com aumento dos riscos de enchentes.

Obviamente que as pessoas mais pobres, na sua condição de excluídas, terminam ocupando as áreas que lhes sobram – encostas, morros, margens de

---

10 Por enquanto, só vimos desgraças. Mas depois veremos mais ainda.

Foto 6. *Água de degelo, Sierra Nevada, Califórnia,* EUA, *maio de 2011.*

rios, áreas baixas e alagadiças, entre outras — justamente as de maior potencial de risco.[11]

A mudança climática expõe a parcela mais pobre da humanidade a uma intensidade maior de risco (segurança climática, segurança hídrica, segurança alimentar, segurança energética e vulnerabilidade social).

Ecossistemas

A resiliência[12] de muitos ecossistemas será excedida, neste século (>66%), por uma combinação sem precedentes de distúrbios associados às mudanças climáticas (enchentes, secas, incêndios, pragas, acidificação dos oceanos) e às mudanças de uso da terra, poluição e superexploração dos recursos naturais.

---

11 Ultimamente a elite anda ocupando essas áreas também. A despeito de suas construções serem mais confiáveis, ela beberá na mesma lata.

12 A resiliência é a capacidade de adaptação.

Em outras palavras, a natureza termina mudando o jogo. Em vez de funcionar como conhecíamos e acaba criando outras realidades ambientais, certamente bem diferentes das atuais, para as quais podemos estar despreparados biológica, física, química e/ou culturalmente, como vimos.

Dessa forma, teríamos aumentado as chances de sermos simplesmente eliminados do acervo biológico terreno, naturalmente acompanhados de outros parceiros da flora e da fauna.

Esses quadros podem se tornar possíveis caso cheguemos à seguinte situação cenarizada no relatório:

> Se o aumento da temperatura média da terra exceder 1,5 – 2,5 °C, 20% a 30% das espécies de plantas e animais da terra estarão em risco de extinção (>66%, p. 8).

> Nós, seres humanos, na condição de mamíferos, somos candidatos ao cargo.

> Para aumento de temperaturas médias globais acima desses valores projetam-se maiores mudanças na estrutura e função dos ecossistemas, na interação ecológica entre as espécies com consequências negativas para a biodiversidade, serviços ecossistêmicos[13] (p. 8).

Em outras palavras, profundos desarranjos na natureza. Imprevisibilidade total. Serviços como suprimento de água e alimentos estariam seriamente comprometidos.

Quanto à redução da biodiversidade – extinção de espécies –, há uma constatação lamentável: a maioria dos seres humanos não se sensibiliza com isso. Não faz parte das suas preocupações, pois não percebe que essa realidade possa trazer algum problema.

Alimentos

> Projeta-se um leve crescimento da produtividade de grãos nas médias e altas latitudes.

---

13 Benefícios que as pessoas obtêm dos ecossistemas. Serão vistos no item 11.

Rússia, Canadá e Escandinávia (Suécia, Dinamarca, Noruega e outros) poderão ser beneficiados com o aquecimento global. A produtividade agrícola aumentará (mais sol, mais luz, mais fotossíntese). Além disso, reduzirão suas despesas com aquecimento e aumentarão suas rendas com o turismo. Estocolmo, por exemplo, poderá ter verões mais quentes e a tão sonhada "praia", parte da tundra siberiana pode se transformar em áreas férteis (Underhill, 2007).

Segundo os produtores de vinho, na França *"para nós do Norte, o aquecimento global é 90% excelente e 10% problemático"* (Pape, 2007).

Nesse mesmo período, secas e calor podem devastar a agricultura nas áreas próximas à linha do Equador (Região Amazônica, Norte e Nordeste do Brasil, por exemplo).

Como já foi dito, curiosamente os desafios e problemas vão se agravar primeiro, justamente nos países que têm poucos recursos para se adaptarem.

Recordando:

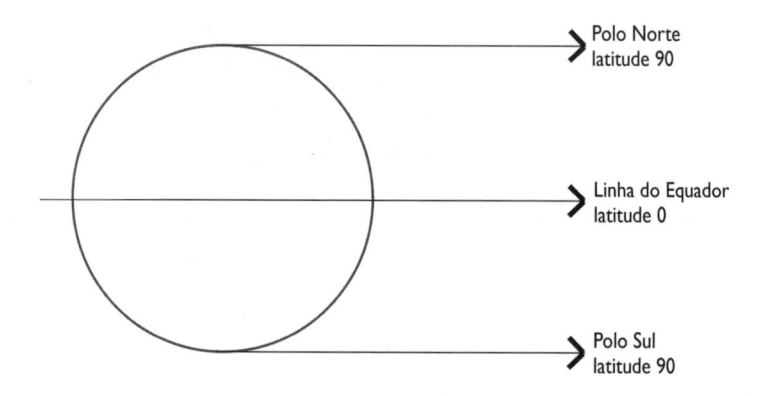

```
                    → Polo Norte
                      latitude 90

                    → Linha do Equador
                      latitude 0

                    → Polo Sul
                      latitude 90
```

Para os países pobres e em desenvolvimento há ainda os cenários:

Nas latitudes mais baixas, especialmente na região tropical, projeta-se um decréscimo na produtividade de grãos até mesmo para um aumento pequeno de temperatura local (1 a 2 °C) o que pode aumentar o risco de fome (p. 8).

Projeta-se que nas baixas latitudes o aumento na frequência de secas e inundações afetará negativamente a produtividade local, especialmente nos setores de subsistência (p. 8).

Diante desse cenário, gastar tempo e energia discutindo se foi o ser humano que causou tudo isso ou não (cientistas falam em 2/3 de culpa humana), chega a ser sandice.

A essa altura, os países ricos já estão na vanguarda das adaptações e das inúmeras oportunidades de negócios com a mudança do clima global.

Para os ricos é interessante que os "não ricos" continuem discutindo o sexo dos anjos. Perderão um tempo precioso fora do foco das intervenções necessárias (pesquisa, inovação e desenvolvimento tecnológico, mitigação e adaptação, por exemplo).

E dessa maneira os pobres ou em desenvolvimento terão mantido a sua condição de subserviência tecnológica e econômica novamente.

Sistemas costeiros e áreas baixas

> Os corais são vulneráveis ao estresse térmico e têm baixa capacidade de adaptação. Os manguezais serão afetados pelo aumento do nível dos oceanos.

Obviamente a pesca e a piscicultura serão profundamente afetadas, arrastando consigo um enorme colar de problemas sociais e econômicos.

Os manguezais? Eles deixaram de ser vistos como "berçários do mar" faz tempo.

Passaram a ser empecilhos para o "progresso" urbano. Afinal, aquela área "lamacenta e fétida" – como dizem os "empreendedores" – pode dar lugar a *shoppings* ou glamorosos apartamentos com vista para o mar, abrigando consumidores e moradores, que a bordo da sua ingenuidade perceptiva, contribuem para o agravamento dos próprios cenários.[14]

> Por volta de 2080, milhões de pessoas que vivem em áreas costeiras baixas e densamente povoadas serão afetadas a cada ano devido à elevação do nível do mar. Isso ocorrerá justamente em áreas onde a capacidade de adaptação é relativamente baixa e que já enfrenta outros desafios, como tempestades tropicais.

---

14 Alô Recife, Fortaleza, Aracaju, Rio, Santos, Bangladesh, Vietnã, Camboja, Miami, Cancun e outros. Como vão vocês?

Na atualidade, bilhões de pessoas, em todo o mundo, já estão sendo submetidas a condições de estresse contínuo por causa desse risco. Em muitos casos as medidas de adaptação têm sido executadas por particulares, em sua luta desigual contra as forças da natureza.

É o exemplo do que ocorre na tranquila e morna Praia do Saco, em Sergipe.

O sofrimento dessas populações poderá ser evitado com o planejamento e execução de programas de adaptação ao longo dos anos que antecedem o cenário. Há, porém, muitas dúvidas sobre a capacidade de ação dos governos dessas nações, conforme expressa:

> O desafio para a adaptação nas regiões costeiras será mais difícil nos países em desenvolvimento do que em países desenvolvidos devido a dificuldades na capacidade adaptativa (p. 9).

Essa "dificuldade de capacidade adaptativa" é uma forma elegante de se evitar acusações a diversos governos de países pobres e em desenvolvimento que, ao longo da sua história, conduziram o seu povo à ignorância conveniente, à pobreza humilhante e à exclusão social subserviente. Gado marcado,

Foto 7. *Tentativas* I. *Praia do Saco*, SE, *dezembro de* 2011.

Foto 8.   Tentativas II. Praia do Saco, SE, dezembro de 2011.

Foto 9.   Tentativas III. Praia do Saco, SE, dezembro de 2011.

condenado ao abate pela lâmina da corrupção afiada por uma elite indiferente, arrogante e egoísta, centrada na sua ganância fermentada por seu consumismo insaciável (Que desabafo! Mas é isso).

No diagrama que se segue, representa-se um ciclo, notável em várias partes do mundo, e especialmente arraigado em países pobres ou em desenvolvimento.

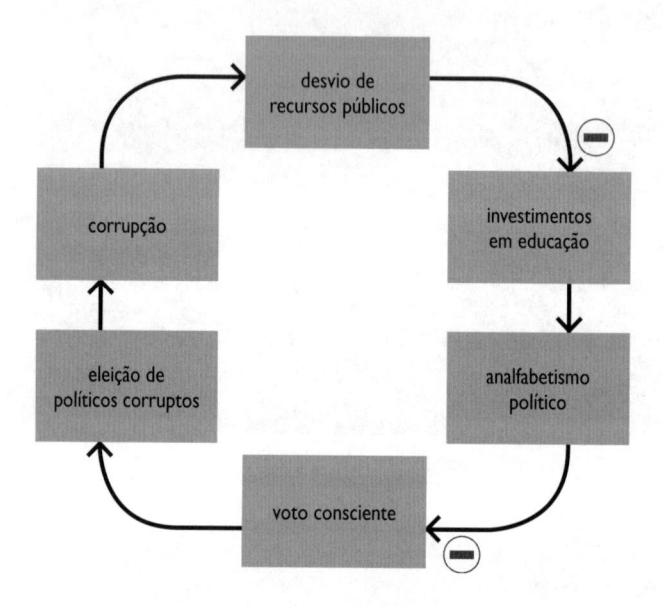

Ciclo: desvio de recursos públicos → investimentos em educação → analfabetismo político → voto consciente → eleição de políticos corruptos → corrupção → desvio de recursos públicos.

Indústria, assentamentos e sociedades

As indústrias, os assentamentos e as sociedades mais vulneráveis são aqueles localizados nas regiões costeiras e nas planícies de inundação dos rios.

> Comunidades mais pobres podem ser especialmente mais vulneráveis, pois tendem a ter sua capacidade de adaptação mais limitada e dependem de recursos locais como água e produção de alimentos.

Bilhões de pessoas já estão submetidas a essa vulnerabilidade. Cerca de 40% da população mundial vive aglomerada em uma faixa de 100 quilômetros do litoral.

Uma parte dessa parcela encontra-se em uma situação de risco ainda mais agravada por ocupar áreas de grande instabilidade (encostas) ou excessivamente próximas da linha de maré. Em alguns casos, sobre essa linha (palafitas, por exemplo).

Saúde

Certamente, um dos pontos mais dramáticos desse relatório é o que se refere ao componente saúde.

As mudanças climáticas projetadas afetarão a saúde de pessoas, particularmente aquelas com baixa capacidade adaptativa. Espera-se:

- aumento da desnutrição e das diarreias;
- aumento de mortos, doentes e feridos devido às ondas de calor, enchentes, tempestades, secas e incêndios;
- aumento na frequência de doenças cardiorrespiratórias devido à concentração mais alta do ozônio mais próximo ao solo;
- alteração na distribuição espacial de algumas vetores de doenças infecciosas.

Esse é o cenário assustador das portas escancaradas do infortúnio, onde todos os males do mundo parecem ter marcado uma reunião. Assemelha-se mais à descrição dos capítulos finais de escrituras dedicadas a apocalipses e afins.

Infelizmente, não são textos iniciáticos, nem tampouco escritos por Nostradamus ou por Cassandras inspiradas em suas torres lúgubres e úmidas da Idade Média, sob a fraca luz de velas apostas sobre crânios humanos. Esses textos foram originados sob a luz da ciência e da tecnologia do século XXI, utilizando-se do que há de mais avançado em análise científica. São, em suma, o resultado dos nossos comportamentos ao longo de séculos.

Vou repetir:

Infelizmente, não são textos iniciáticos, nem tampouco escritos por Nostradamus ou por Cassandras inspiradas em suas torres lúgubres e úmidas da Idade Média, sob a fraca luz de velas apostas sobre crânios humanos. Esses textos foram originados sob a luz da ciência e da tecnologia do século XXI, utilizando-se do que há de mais avançado em análise científica. São, em suma, o resultado dos nossos comportamentos ao longo de séculos.

Os efeitos sobre a humanidade serão lastimáveis, hediondos, se nada for feito.

Em relatório divulgado em Genebra, Suíça, em abril de 2008, por ocasião do Dia Internacional da Saúde, a Organização Mundial de Saúde (OMS) declarou que a mudança climática pode aumentar para 2 bilhões o número de pessoas expostas à dengue até o ano de 2080. Segundo a diretora-geral da OMS, Margaret Chan:

> A pandemia de dengue que atinge a América do Sul não se deve única e exclusivamente à mudança climática, mas o aumento das temperaturas ajudou muito à expansão da doença. A mudança climática é uma ameaça direta à saúde, uma vez que as consequências do aquecimento global podem afetar alguns dos elementos mais importantes para a saúde, como o ar, a água, os alimentos, um teto para se abrigar e a ausência de enfermidades.
>
> O ser humano já está exposto a doenças que sofrem significativa influência do clima e que causam milhões de mortes por ano, como a desnutrição – responsável por mais de 3,5 milhões de mortes por ano –, as doenças relacionadas à diarreia – que matam mais de 1,8 milhão –, e a malária – causadora de mais de um milhão de mortes por ano.

Os efeitos nocivos da mudança climática sobre a saúde humana já podem ser comprovados por diversos indicadores. A epidemia de malária na África Oriental agravada pelo aumento da temperatura e a pandemia do cólera em Bangladesh após as grandes inundações.

O aumento da temperatura da terra favorece os insetos de vida curta, pois eles podem se reproduzir mais facilmente. Com isso, conseguem selecionar as formas mais resistentes aos seus inimigos naturais e sobrevivem em grande número transformando-se em pragas (juntem-se a isso os ingredientes da exclusão social – miséria, desnutrição, ignorância e falta de saneamento – e tem-se o bolo da tragédia).

Um exemplo dessas pragas causadas por insetos está ocorrendo na América do Norte, Colúmbia Britânica (sudoeste do Canadá), conforme relatado por Werner Kurz do Serviço Florestal Canadense.

O besouro *Dendroctonus ponderosae* (gênero e espécie) está se reproduzindo em número dez vezes maior do que o normal. Do tamanho de um grão de arroz, o bicho parasita o floema.[15] Ao botar ovos nessa região e se alimentar da camada abaixo da casca da árvore, os besouros se multiplicam de tal maneira que acabam com a circulação de nutrientes do pinheiro, matando-o em pouco tempo. Quando os pinheiros morrem, todo o carbono armazenado em seu tronco, raízes e folhas é transformado em dióxido de carbono e liberado na atmosfera.

O aspecto avermelhado das árvores em grandes áreas das florestas canadenses e americanas constitui a prova visual e o alerta aos efeitos de combinações inesperadas resultantes da nova realidade climática que muitos insistem em não acreditar.

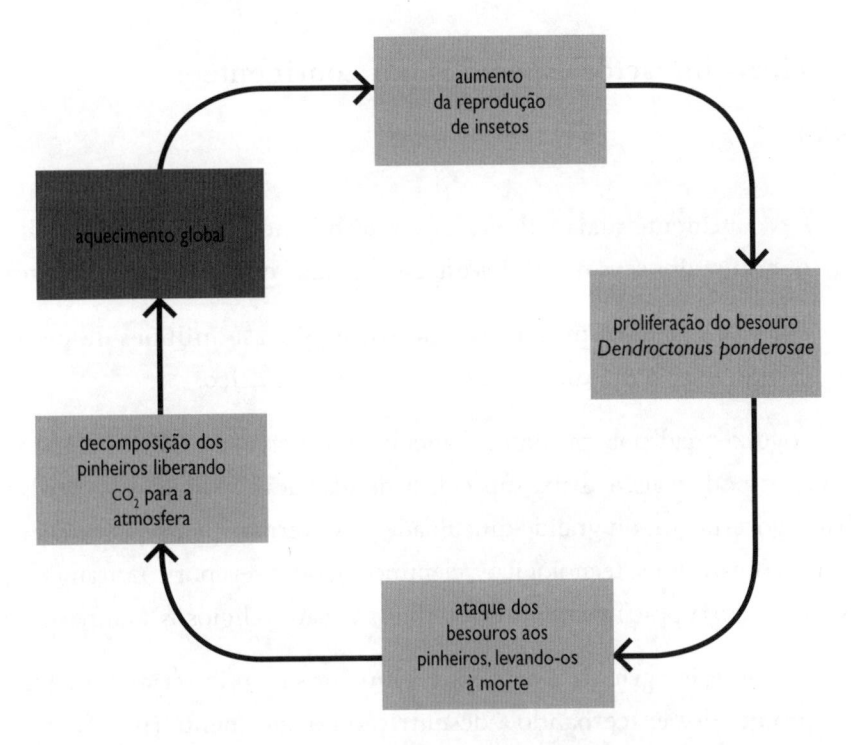

```
aquecimento global → aumento da reprodução de insetos → proliferação do besouro Dendroctonus ponderosae → ataque dos besouros aos pinheiros, levando-os à morte → decomposição dos pinheiros liberando CO₂ para a atmosfera → aquecimento global
```

Outro exemplo dos efeitos do aquecimento global sobre a saúde humana é o recrudescimento dos casos de dengue e febre amarela em várias regiões do Brasil (no Estado do Rio de Janeiro, em março/abril de 2008, morreram 90 pessoas por causa da dengue), potencializado pela baixa governança governamental sobre os serviços de prevenção e atendimentos.

---

15 Parte do sistema de circulação da planta que conduz sua seiva.

Infelizmente a sociedade ainda não conseguiu associar tais eventos também à mudança climática. Os tomadores de decisões ainda dirigem os seus maiores esforços às disputas e interesses políticos mais imediatos.

Felizmente, a OMS e seus associados – o Programa das Nações Unidas para o Meio Ambiente; a FAO – Organização das Nações Unidas para Agricultura e Alimentação; a OMM – Organização Meteorológica Mundial – estão desenvolvendo um plano de trabalho e uma agenda para elaborar estimativas melhores sobre o tamanho e a vulnerabilidade da saúde humana, bem como estão elaborando estratégias e instrumentos para ajudar os governos a implantar programas de planejamento e contingência.

Principais impactos esperados por continente

África

É o continente mais vulnerável à variabilidade e mudança climática por causa dos seus múltiplos estresses e baixa capacidade de adaptação.

Por volta de 2020 projeta-se que entre 75 a 250 milhões de pessoas estarão expostas a um aumento do estresse hídrico.

Logo, o quadro de profundas dificuldades já vivido na África tende a se complicar ainda mais. A "baixa capacidade de adaptação" traduz-se, na verdade, a baixa governança, ou grande dificuldade de governar, quer seja por falta de recursos (financeiros, tecnológicos, científicos), quer seja por constrangimentos éticos (corrupção) e culturais (conflitos tribais, religiosos), entre outros.

A produção agrícola e o acesso a alimentos estarão seriamente comprometidos exacerbando a desnutrição no continente (p. 10).

A despeito de o efeito ser global, os aumentos constantes nos preços dos alimentos (vetorizados por constantes perdas de safras), na África, assumem contornos de tragédia.

Ásia

A situação da Ásia é agravada pelas taxas exageradas de crescimento das suas populações. Anexe a isso, padrões crescentes de consumo.

Por volta de 2020 o crescimento da população e o aumento da demanda devido a padrões de vida mais elevados podem afetar adversamente mais de 1 bilhão de pessoas. Projeta-se um decréscimo na disponibilidade de água potável.

Tal situação já se verifica na China, por exemplo. Cerca de 66% de suas cidades sofrem com a falta d'água crônica; 85% dos seus rios estão mortos.

Áreas costeiras e dos megadeltas dos rios estarão sob o maior risco de inundações. O risco de fome é muito alto. Subirá a morbidade endêmica e a mortalidade devido a diarreias primariamente associadas a enchentes e secas.

Os milhares de corpos em decomposição boiando no delta do rio Irrawaddy, depois da passagem do ciclone Nargis por Mianmar, são a amostra mórbida das 134 mil pessoas que ali morreram em 2 de maio de 2008, deixando 2,4 milhões de desabrigados. Em novembro de 2007 o ciclone Sadr destruiu a área costeira do país, causando 3.500 mortes. Nesse mesmo ano, chuvas de monções causaram 750 mortes no Afeganistão, Bangladesh, China, Índia e Paquistão.

Desde a edição deste livro, certamente o leitor terá uma lista enorme de eventos desse tipo a acrescentar aqui.

O aumento da temperatura das águas costeiras pode exacerbar a abundância e a toxicidade do cólera (p. 11).

Tal cenário se desenha dada às condições precárias de saneamento que se verifica em grande parte daquelas áreas.

Austrália e Nova Zelândia

Como resultado da redução da precipitação e aumento da evaporação os problemas de segurança de água serão intensificados.

Por volta de 2030 a produção agrícola e florestal declinará devido ao aumento de secas e incêndios florestais.

Em 2010, 2011 e 2012 essas regiões sofreram os maiores incêndios florestais da sua história.

Europa

Tudo o que acontecer nesse continente terá reflexos imediatos em toda a economia e política do planeta. Devido ao elevado número de países desenvolvidos, à pujança industrial e tecnológica, ao poderio econômico (já um pouco combalido) e à concentração demográfica, os efeitos sistêmicos são imponderáveis.

Projeta-se o agravamento de temperaturas altas e secas, reduzindo a disponibilidade de água potável e a produção de grãos. Aumento dos riscos à saúde devido a ondas de calor e da frequência de incêndios florestais.

Em 2010, 2011 e 2012 a Espanha e a Grécia sofreram incêndios florestais jamais registrados em sua história. Morreram muitas pessoas, além das perdas de patrimônio, destruição de *habitats* e outros danos associados ao evento (há um item específico sobre este tema adiante).

Nesse particular, o aumento de incêndios florestais produz outro *feedback* positivo expresso no diagrama a seguir.

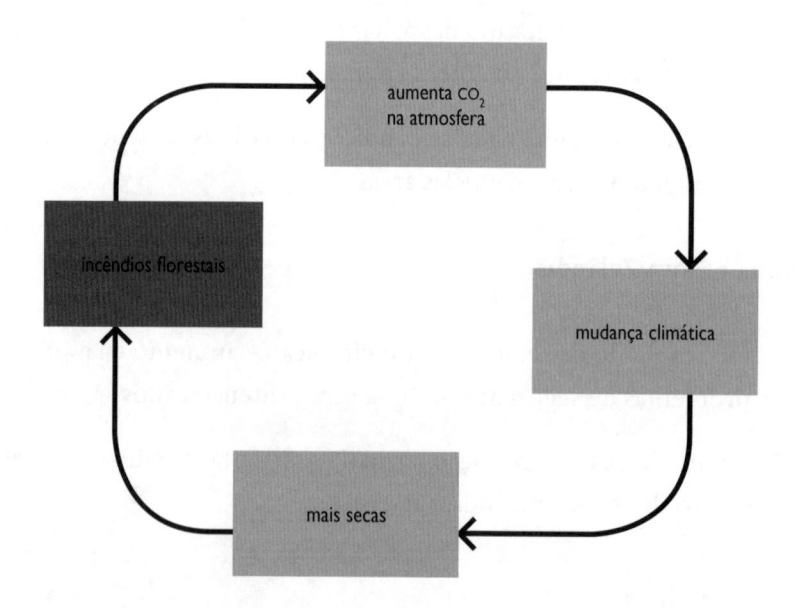

incêndios florestais → aumenta CO_2 na atmosfera → mudança climática → mais secas → incêndios florestais

O CO_2 armazenado nos troncos, galhos e folhas das árvores (por meio da fotossíntese), com a combustão, é devolvido para a atmosfera. Quanto mais CO_2 na atmosfera, maior o efeito estufa, mais aquecido o planeta e mudado o clima. Com isso temos mais secas e mais chances de ocorrerem incêndios florestais. E começa tudo de novo!

A adaptação à mudança climática será facilitada pela experiência acumulada em lidar com eventos climáticos extremos, especialmente na implantação proativa de planos de adaptação e manejo de riscos.

A Europa já viveu uma terrível experiência de ondas de calor (França e Espanha) e convive com a elevação do nível do mar (Holanda), desenvolvendo mecanismos de adaptação e formando competências.

O mesmo não se pode dizer de muitos países pobres e/ou em desenvolvimento, incluídos no topo da listagem de vulnerabilidades.

América Latina

Os cenários desenhados para o continente latino-americano são medonhos. Agravar-se-á uma situação em uma região que já conta com problemas graves, atingindo populações já martirizadas por outros flagelos.

Por volta de 2050 haverá a substituição gradual da floresta por savana (cerrado).

Normalmente se referem à Floresta Amazônica. A sua savanização (transformação da floresta densa em áreas de cerrado[16]) poderá produzir alterações profundas no regime das águas, não apenas regionalmente.

A vegetação do semiárido será substituída por vegetação do árido.

A situação do sertão pode piorar, pois onde há pouca vegetação, haverá menos ainda. Obviamente, haverá menos água disponível.

---

16 A irreverência e capacidade de rir das próprias desgraças são características incríveis do ser humano. Um colega goiano, a despeito dessa possibilidade de cerradização da Amazônia, disparou: "Pelo menos vamos ter mais "pequi"!
Nota da Nota: "pequi" é um fruto de cerrado muito utilizado na culinária goiana.

Nas áreas mais secas espera-se que ocorra salinização e desertificação de terras agrícolas, bem como queda na produtividade de grãos e da pecuária, com consequente risco de segurança alimentar.

A famosa seca dos três setes (1777) que dizimou milhares de pessoas no Nordeste brasileiro poderá perder a referência. Esse cenário aponta para quadros graves de escassez de alimentos, crises econômicas, sociais e políticas, fome e migração em massa. Nada que os povos daquelas regiões já não conheçam, porém em intensidade e extensão jamais experimentadas, uma vez que o contingente em exposição na atualidade é muito maior.

O semiárido brasileiro é um dos poucos, no mundo, habitado. Os seus problemas são conhecidos há séculos. E há séculos também essa condição de miséria serve de base para a perpetuação de uma elite coronelista primitiva continuar no poder, sugando os recursos que seriam dirigidos para o desenvolvimento da região, desviando-os para o patrimônio de suas famílias.

Um quadro difícil de mudar, pois ele continua por meio dos "votos de cabresto", e ultimamente por meio da compra de votos, favorecida pela ingenuidade de um povo sem acesso à educação de qualidade e à informação politizada (pois os meios de comunicação locais e regionais pertencem aos chefões políticos).

A despeito dos esforços das autoridades eleitorais, infelizmente, ainda é uma realidade na maioria dos municípios nordestinos.

Mudanças nos padrões de precipitação afetarão a disponibilidade de água para o consumo humano, para a agricultura e para a geração de energia.

Nesse ponto a vulnerabilidade do Brasil é muito alta. Cerca de 90% da nossa energia elétrica provém de usinas hidrelétricas. Dependemos das chuvas. Dependemos do humor do clima.

Dependemos da saúde dos ecossistemas. Nenhum outro país tem essa característica. **Se por um lado somos a nação que possui a matriz energética mais limpa, por outro somos a mais vulnerável às mudanças climáticas, nesse aspecto de oferta de energia elétrica.**

Tanto a agricultura quanto a pecuária brasileira estarão em rota de colapso.

Enquanto pecuaristas e produtores de grãos encararem a dimensão ambiental como sua inimiga, mais demorarão em perceber que seus investimentos poderão virar pó em apenas alguns anos caso não se adotem estratégias de manejo mais adequadas à preservação dos serviços ecossistêmicos e não considerem as mudanças climáticas em seus planos de negócios.

A elevação do nível do mar aumentará o risco de inundações nas áreas baixas.

O Brasil tem 8 mil quilômetros de litoral. Nessa área localizam-se regiões densamente povoadas. A despeito da elevação do nível do mar ocorrer de forma lenta e permitir ações de adaptação em médio e longo prazos, dá para se ter uma ideia da amplitude da "rearrumação" que será necessária. Afinal, as pessoas se aglomeraram à beira-mar imaginando que aquela linha de maré seria imutável.

Acontece que agora mudou. As cidades que ficam à beira-mar, e ainda estão localizadas em áreas de inundação dos rios que ali chegam, têm esse risco ampliado. É o caso de Aracaju, Recife e muitas outras.

O curioso é que essas áreas continuam sendo intensamente urbanizadas. Em muitos casos, em cima de manguezais asfixiados pelo desrespeito à legislação ambiental, normalmente nutrido pelo cordão umbilical da corrupção, gestada no ventre do binômio político-empresário, e amamentada no seio da ignorância e do analfabetismo ambiental.

As pessoas adquirem esses imóveis sem a mínima leitura crítica do que estão arriscando. E pior: colocando sua ingenuidade a serviço dos malas.[17]

América do Norte

A agricultura pode aumentar a produção entre 5% a 20%.

Como se vê, nem todas as áreas saem perdendo (pelo menos, em curto prazo). Mesmo nessas áreas os transtornos poderão ocorrer, conforme o texto a seguir.

---

17 Expressão usada pelos jovens para referir-se a malandros, picaretas, bandidos.

O aquecimento nas montanhas do oeste vai reduzir a neve e aumentar as enchentes de inverno e a disponibilidade no verão.

Distúrbios (pragas, doenças e maior risco de fogo) causarão maior impacto sobre as florestas, aumentando o período de riscos e a área queimada.

Aumento no número, duração e intensidade de ondas de calor com efeitos adversos sobre a saúde humana.

Escrito e publicado em 2007, tais afirmações do relatório do IPCC já se confirmavam em 2011, por meio de manchetes em todas as mídias.

Como se vê, ninguém escapa. O planeta é o mesmo.

5.2.a Os relatórios do IPCC e as metas do milênio

À página 20 do relatório do IPCC cita-se:

As Metas do Milênio (Millennium Development Goals) são uma medida do progresso em direção ao desenvolvimento sustentável. Por volta da metade do século a mudança climática poderá impedir que as metas sejam atingidas.

A Declaração do Milênio é um documento histórico da ONU, com oito metas para o novo século. Foi aprovado por líderes de 19 países-membros das Nações Unidas, em setembro de 2000, na cidade de Nova Iorque.

A proposta de sustentabilidade ambiental prevê:

◇ melhorar o uso dos recursos naturais e reforçar o empenho do poder público como alavanca para o desenvolvimento sustentável;
◇ fornecer água potável e saneamento básico para todos;
◇ reforçar o apoio aos princípios da Agenda 21 e ao Protocolo de Kyoto.[18]

---

18 Protocolos ingenuamente criados na Rio-92 e solenemente ignorados e enterrados pelos países ricos.

As oito metas para o novo século foram:

1. Erradicar a extrema pobreza e a fome.
2. Atingir o ensino básico universal.
3. Promover a igualdade entre os sexos e a autonomia das mulheres.
4. Reduzir a mortalidade infantil.
5. Melhorar a saúde materna.
6. Combater o HIV/AIDS, a malária e outras doenças.
7. Garantir a sustentabilidade ambiental.
8. Estabelecer uma parceria mundial para o desenvolvimento.

Uma análise mais detida desse documento será apresentada adiante.

Muitos impactos podem ser evitados, reduzidos ou retardados pela mitigação. Porém, nem mesmo os mais rigorosos esforços de mitigação poderão evitar mais impactos da mudança do clima nas próximas décadas, o que torna a adaptação essencial.

A adaptação é a saída mais viável no momento. Acentua-se que os esforços de mitigação não serão suficientes para não continuarmos acumulando mais problemas. Isso mostra a importância de um portfólio ou variedade de estratégias e frentes de enfrentamento.

Será necessário acelerar a pesquisa, a inovação, o desenvolvimento tecnológico e suas transferências, e a informação-sensibilização do público.

Alguns países já estão fazendo isso. Principalmente aqueles que combinam, de forma eficiente, o conhecimento científico-tecnológico, os recursos financeiros e a boa governança.

Uma forma de aumentar a capacidade de adaptação é incorporar a consideração dos impactos da mudança climática nos planos de desenvolvimento. Por exemplo: incluir medidas de adaptação no planejamento de uso e ocupação da terra e nos planos (*design*) de infraestrutura.

Isso, infelizmente, está muito longe de acontecer. São raros os planos governamentais que incluem essa preocupação em seus programas. A maior

Foto 10. *Adaptação: criando dunas em São Francisco, CA, EUA, dezembro de 2011.*

Foto 11. *Prof. Dr. Jim Thorne, da Universidade da Califórnia em Davis, CA, realizando demonstração em visita a obras de adaptação em São Francisco, CA, maio de 2011.*

parte dos gestores do mundo ainda é inspirada por conceitos baseados no crescimento contínuo a qualquer custo.

Na maior parte da classe política, ainda interessa mais os conceitos e estratégias que possam levá-la à reeleição (esse tema será tratado no item "Governança").

O custo social do gás carbônico (base 2005) foi de US$ 12,00 ton/CO_2.

Esse valor significa que cada tonelada de gás carbônico despejada na atmosfera custa US$ 12,00 (doze dólares) em termos de prejuízos sociais. Tais custos advêm de desemprego, das consequências da poluição, do aumento de doenças, inundações, secas, pragas, e da perda de safras, com o consequente aumento dos preços dos alimentos e outros.

A taxação sobre a emissão de CO_2 é apenas uma questão de tempo. Uma questão de justiça social, entre outras.

5.3 Relatório sobre mudança do clima 2007: mitigação.

Aspectos sociais, econômicos, ambientais, científicos e tecnológicos da mitigação da mudança climática
(Tailândia, Bangkok, maio)

Mitigar significa abrandar, diminuir, suavizar, aliviar. O termo é utilizado na área ambiental para designar um conjunto de procedimentos que visam reduzir os danos e efeitos causados ao ambiente, reduzindo (principalmente) as emissões dos gases causadores do aumento do efeito estufa.

No relatório acentua-se:

> Com as políticas atuais de mitigação da mudança climática e as práticas atuais de desenvolvimento sustentável, as emissões globais de gases estufa continuarão a crescer por algumas décadas.

Reconhece-se que os esforços feitos até o presente são insuficientes para produzir mudanças significativas. Isso significa que vamos continuar a testemunhar o desfile de tragédias que despencarão dos noticiários em nossas vidas.

A seguir, adianta-se:

Até 2030 as emissões estão assim estimadas:

Países do Anexo I:[19]   9,6 a 15,1 ton CO_2/per capita
Países não Anexo I: 2,8 a 5,1 ton CO_2/per capita

É importante observar que a capacidade de absorção de CO_2 dos sistemas da Terra não sofre modificações significativas em tão pouco tempo (2030), ou seja, não há fórmula mágica para que se aumente a capacidade de guardar carbono.

Dessa forma, se esses padrões de emissão continuarem nem toda a tecnologia do mundo será capaz de afastar os países pobres dos transtornos socioambientais cenarizados. Em seguida, esses transtornos atingirão a todos.

Em 2030, o custo para estabilizar a concentração de CO_2 entre 445 e 710 ppm será uma redução de 3% do PIB mundial (item 6).

A estabilização nessa concentração já não é confortável e nem tão segura. Valores mais altos desse intervalo já significam mudanças significativas no meio socioambiental. Esses "3%" do PIB mundial sinalizam para um estádio de possível anarquia e quebradeiras generalizadas no sistema financeiro global (ver adiante no "Estudo Stern").

Mudanças em estilo de vida e padrões de comportamento podem contribuir para a mitigação da mudança climática em todos os setores (item 5.7).

Essas mudanças convergem para um objetivo central: redução de emissões.

Acredita-se que se consiga uma boa parcela dessa redução com mudanças de padrões culturais, de hábitos, atitudes, decisões de consumo (há um item exclusivo sobre isso, adiante). Porém, em muitos casos, vai depender de tecnologias (novas e resgatadas). Mas nem uma coisa nem outra são tão fáceis assim.

---

19 Países da Organização para a Cooperação e Desenvolvimento Econômico (OCDE) listados no primeiro anexo da Convenção Quadro das Nações Unidas sobre Mudança do Clima (UNFCC). Lista completa em: < http//www.oecd.org>

A difusão de tecnologias de baixo carbono pode levar décadas.

Obviamente, não se muda um paradigma de uma hora para outra. No fundo, é isso que se preconiza. Assim, a incorporação de novas práticas, até se chegar ao ponto de produzir as mudanças necessárias, vai levar um tempo muito longo.

No relatório sugere-se:

> Mudanças no estilo de vida podem reduzir emissões de GEEs (Gases de Efeito Estufa) – padrões de consumo que enfatizem a conservação de recursos.

> Programas de educação e treinamento podem contribuir para a superação de barreiras de aceitação de eficiência energética por parte dos mercados.

> Mudanças em padrões culturais, escolhas de consumo e uso de tecnologias podem resultar em redução considerável de emissões relacionadas ao uso de energia em residências.

> Gestão de demandas de transporte que inclui planejamento urbano (reduz demanda por viagens) pode apoiar a redução de emissões de GEEs.

> Gestão nas indústrias para reduzir GEEs.

Ou seja, a receita está pronta. Os ingredientes estão dados. Falta o cozinheiro, e, em muitos casos, falta o fogão, o gás de cozinha etc.

Esse é um portfólio óbvio, fácil de ser listado, mas sua consecução está dentro de um espectro que vai do difícil ao muito difícil, apenas. Um exemplo dessa resistência está no setor de transportes. No relatório enfatiza-se:

> Há múltiplas opções de mitigação no setor de transportes, porém, encontram muitas barreiras tais como preferências do consumidor e falta de plano e estrutura política.

Não há "falta de plano". Há um plano: priorizar o uso de transporte individual para atender aos interesses econômicos de gigacorporações. Afinal, ao se vender um carro, são agregados incontáveis penduricalhos que vão desde autopeças, pneus, combustíveis, seguros, múltiplas tributações, financiamentos bancários, vagas, acessórios, lavagens e daí por diante.

As barreiras ao uso do transporte coletivo foram construídas lentamente pelos cartéis que exercem sua influência em um espectro que vai desde o planejamento urbano até a aniquilação dos trens.

As pessoas ficam sem opções e são empurradas para a compra do seu primeiro carro popular em "suaves" e longas 60 prestações, a juros extorsivos, cujo valor final daria para comprar três carros. Enchem-se de dívidas e assumem o papel do Estado, à custa do seu suor, de mais sacrifícios e privações de toda sorte.

Anestesiado pela ilusão do sonho de ser um feliz e realizado proprietário de um carro zero km, a pessoa não sente, mas percebe e aceita as dores da exploração.

Para se ter uma ideia do poder dessas corporações, cita-se o exemplo do desaparecimento programado do carro elétrico.

Esse veículo não é novidade. Foi inventado em 1830. Já em 1900, 90% da frota de táxis de Nova Iorque eram movidos à eletricidade. No final do século XIX quase todos os carros dos EUA eram movidos à eletricidade. O periódico *New York Times*, em editorial, acentuava: "O carro elétrico já é reconhecido há tempos como a solução ideal porque é mais limpo, mais silencioso e muito mais econômico" (Szaklarz, 2011). No Brasil e no mundo, milhões de pessoas utilizavam bondes elétricos.

O que aconteceu então? Manobras dos cartéis do petróleo e do transporte.

Segundo o jornalista Edwin Black, em seu livro *Internal combustion*, em 1930 a General Motors (GM) uniu-se à Firestone (fabricante de pneus), à Standard Oil e à Phillips Petroleum, e por meio de uma empresa que bancavam (National City Line), compravam as empresas dos trólebus (ônibus elétricos) e os substituíam por ônibus movidos à combustão de gasolina ou diesel.

Em 1949, o governo dos EUA acusou e condenou o cartel por conspiração, mas foi tarde demais. O motor à combustão já era uma realidade avassaladora em carros, caminhões e ônibus, respondendo por 22% das emissões globais de CO_2, sendo o maior causador de poluição atmosférica nas cidades. O estrago estava feito.

No relatório, indica-se a obviedade dos benefícios do uso de transporte coletivo, em detrimento do transporte individual:

> Realizando a redução de emissões no setor de transporte, beneficia-se o tráfego, reduzindo os congestionamentos, melhorando a qualidade do ar e a segurança energética.

Foto 12. *Alugue uma bike.* Washington, DF, EUA, dezembro de 2011.

Enfatiza ainda:

Transferências modais do transporte rodoviário para o ferroviário e a navegação fluvial, e de transporte de baixa ocupação para alta ocupação de passageiros.

Ou seja, já se sabe o que precisa ser feito. O problema é como fazê-lo, quem vai fazer e com qual recurso! (Essa reflexão serve para toda a listagem que se segue, e, no fundo, para todas as providências que precisam ser tomadas urgentemente, quando se trata da mudança climática).

Quando se fala em emissões de gases de efeito estufa, certamente, um dos maiores desafios é a aviação. No relatório recomenda-se:

Melhorar a eficiência na aviação (tecnologia, eficiência de combustíveis).

O aumento da eficiência nesse setor é muito demorado. Passa por melhoria na qualidade e tipo de combustíveis, novos combustíveis, avanços na mecânica e aerodinâmica, novos materiais etc.

A aviação está em uma espécie de limite em vários aspectos: a velocidade tem que ser aquela; se aumentar gasta mais e reduz a segurança, ou requer planos de voos ou mudanças estruturais nas aeronaves que colocariam os seus preços em um patamar que inviabilizariam seus negócios; a incorporação de novas formas de propulsão encontra barreiras tecnológicas e mercadológicas não transpostas há décadas.

A emissão de gases estufa de cada passageiro é uma das maiores em todos os setores. Para se ter uma ideia, cada passageiro, em média, é responsável por uma emissão de 120 kg de CO_2 a cada hora de voo (obviamente depende do tipo de aeronave e da taxa de ocupação do voo; no Anexo VI há uma tabela com os valores de emissão de alguns tipos de aeronave).

Considerando a quantidade de voos que acontecem no mundo a cada dia, pode-se ter uma dimensão desse problema.

No Museu de Ciências de São Francisco, Califórnia, há um equipamento que mede a pegada de carbono[20] de uma pessoa. Ela vai acrescentando pesos de acordo com as suas atividades. E quando acrescenta viagens aéreas a balança despenca para a insustentabilidade.

Em relação à agricultura, enfatiza:

Práticas agrícolas podem contribuir de forma significativa (a baixo custo) para aumentar a estocagem de carbono no solo.

Há de se reconhecer os esforços que estão sendo feitos em todo o mundo. Desenvolveu-se uma parafernália dedicada à chamada "economia de baixo carbono".

No Brasil, a Resolução n.3.896, de 17 de agosto de 2010, do Banco Central, criou o Programa para a Redução de Emissão de Gases de Efeito Estufa na Agricultura (ABC), contemplado com R$ 3,15 bilhões para financiar práticas, tecnologias e sistemas produtivos de baixo carbono.

O programa financiaria a recuperação de áreas e de pastagens degradadas, práticas de conservação do solo, agricultura orgânica, recomposição de áreas de preservação permanente, e mais. Ou seja, tudo o que a agricultura de grande porte não gosta e não faz, pois é muito mais fácil, cômodo e lucrativo

---

20 Refere-se a quanto de gás carbônico emite pessoa, população, instituição ou país, em tonelada/ano.

Foto 13. *Pesando a pegada de carbono. São Francisco, Califórnia, maio de 2011.*

desmatar, queimar, produzir enquanto é possível e depois abandonar tudo degradado. Em seguida, recomeçar em outro lugar.

Temos, no Brasil, 120 milhões de hectares de áreas degradadas e abandonadas.

Ali um dia havia florestas, água e solo produtivo. Veio a pecuária, a soja ou o algodão, gerenciados de forma ultrapassada, e transformou tudo em areia. Os "produtos" foram exportados. Os lucros jamais beneficiaram as comunidades da região e nem bancaram a recuperação das áreas degradadas. Ficam em mãos de uns tantos empresários que terminam aplicando aquele dinheiro em outras plagas.

Caso o leitor duvide, pede-se para visitar a região de Barreiras, na Bahia. Leve câmera e remédio para o estômago. Constate a situação dos serviços de saúde e educação, por exemplo.

A agricultura e a pecuária, em nosso país, ainda adota, em sua maior parte, a abordagem do BAU.[21] As práticas inovadoras são rejeitadas, na maioria dos casos.

---

21 A estratégia do "sempre foi assim", assim continuará sendo. BAU: sigla da expressão em inglês *Business As Usual*.

Foto 14. *Solidão testemunhal nos cerrados de Barreiras*, BA, maio de 2011.

Quando se fala em "meio ambiente" a coisa fica feia. É sinônimo de impedimentos, atrapalhações, atrasos, redução de lucros e aporrinhações de toda sorte. Enxerga-se a distância da próxima safra, apenas. Meio ambiente "é coisa pra escocês; estamos no Brasil, precisamos produzir", ouve-se, com frequência.

Continuando no relatório do IPCC:

Destaca-se que não há uma lista universalmente aplicável de práticas de mitigação. Precisam ser avaliadas para cada sistema agrícola.

O carbono estocado no solo pode ser vulnerável à perda (emissão para a atmosfera) tanto pela mudança de manejo do solo como pela mudança climática.

Temos feito isso há séculos. Porém, nunca com tanta intensidade como se faz no presente. Afinal, é preciso alimentar bilhões de bocas humanas que não param de se multiplicar. Dessa maneira, criamos mais uma retroalimentação de encrencas.

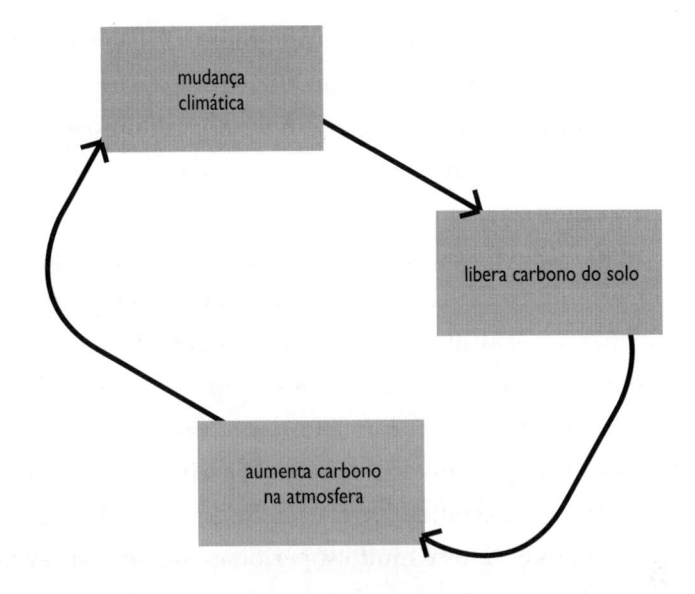

```
        mudança
        climática
           │
           ▼
    libera carbono do solo
           │
           ▼
    aumenta carbono
    na atmosfera
           │
           └──────► (ciclo)
```

Em relação às florestas e desmatamentos:

As atividades de mitigação relacionadas com florestas podem reduzir as emissões consideravelmente e aumentar a remoção de CO_2 por sumidouros.

Cerca de 60% do potencial total de mitigação (acima de US$ 100/ton CO_2) está localizado nos trópicos e em torno de 50% do seu total pode ser alcançado ao reduzir as emissões oriundas dos desmatamentos.

Há no mundo as máfias da madeira. É uma força bandida de atuação transnacional. Onde há madeira lá vão eles. Passam por cima de tudo: princípios, leis, moral, ética, valores, autoridades, comunidades. A madeira tem que ser retirada e vendida. Assim as florestas tropicais do mundo estão desaparecendo e virando dólares (dólares para poucos, naturalmente).

Há países minúsculos que não retiram uma árvore do seu território e são os maiores "exportadores" de madeira do mundo. Isso não é mágica. É cinismo, bandidagem. Depois, com a cara mais oleoperobado[22] do mundo, vêm financiar projetos de corredores ecológicos no Brasil.

---

22 Aos mais jovens, o óleo de peroba era utilizado para proteger e dar brilho aos móveis feitos de madeira. Continua sendo usado, mas hoje é para polir a cara (de pau) de determinadas pessoas.

Ao se valorizar a floresta de pé, há um alento. Cria-se a possibilidade de essas pessoas enxergarem nisso outra fonte de lucros e começar a debandar para esse lado. Mas é apenas uma suposição. No fundo, as florestas tropicais estão fadadas a desaparecer realmente, tamanha a fúria, rapidez e poder dessas máfias.

A nossa geração não vai testemunhar o fim da queda de árvores centenárias que projeto de reflorestamento algum pode restituir; não vamos ver o desaparecimento dos mafiosos retirando madeira de lei de terras indígenas, falsificando guias ou assassinando sindicalistas, líderes rurais, fiscais, auditores, juízes e outras pessoas sérias. Essa dívida cármica-ética é de difícil resgate, pois depende de caráter e valores humanos agora desvalorizados, descartados.

Outro aspecto dessa parte do relatório: é incrível como se "esquece" de citar as queimadas e os incêndios florestais nesse contexto! A redução de emissões por se evitar tais eventos é muito superior ao que se pode evitar com os desmatamentos. E, em muitos países, o fogo na vegetação precede a retirada de madeiras, como estratégia de exploração (pouco inteligente).

Há vários componentes de mitigação citados no relatório (expressos na tabela seguinte), dos quais destacam-se:

1. Redução de produção de resíduos, melhoria na gestão das práticas e reciclagem (proveem benefícios de mitigação indiretos como conservação de energia e materiais, conservação do solo, prevenção de poluição da água, prevenção em saúde pública, entre outros); tais práticas reduzem as emissões de gás carbônico e metano.
2. Ênfase na eficiência energética (para atingir níveis de baixa emissão será necessário intensificar o uso de fontes de energia de baixa emissão de carbono, como energia renovável e nuclear, e o uso de captura e estocagem de carbono (CCS – *Carbon Capture Storage*).
3. Ampliar a utilização de Bioenergia e mitigação florestal.

Quanto às opções de geoengenharia (fertilização dos oceanos para remover o CO_2 diretamente da atmosfera, ou bloquear os raios solares com anteparos metálicos colocados em órbita na alta atmosfera, por exemplo) permanecem "largamente especulativos e improváveis, e com o risco de efeitos colaterais desconhecidos".

Na tabela a seguir, indicam-se algumas políticas, medidas e instrumentos aplicados à mitigação/adaptação (desculpem essa chatice necessária).

Tabela 1. Seleção de políticas, medidas e instrumentos setoriais que se mostraram ambientalmente eficazes.

Setor	Políticas, medidas e instrumentos que se mostraram ambientalmente eficazes	Principais restrições ou oportunidades
Oferta de energia	Redução dos subsídios aos combustíveis fósseis.	A resistência decorrente do capital investido pode dificultar a implantação.
	Impostos ou taxas do carbono sobre os combustíveis fósseis.	
	Tarifas por unidade para as tecnologias de energia renovável.	Podem ser adequados para criar mercados para tecnologias com baixas emissões.
	Obrigações de energia renovável.	
	Subsídios aos produtores.	
Transporte	Economia de combustível obrigatória, mistura de biocombustível e padrões de CO_2 para o transporte rodoviário.	A cobertura parcial da frota de veículos pode limitar a eficácia.
	Impostos sobre a compra, registro, uso de veículos e combustíveis automotivos, rodovias e preços de estacionamento.	A eficácia pode cair com receitas mais altas.
	Influência nas necessidades de mobilidade por meio de regulamentações do uso da terra e planejamento da infraestrutura.	Especialmente adequados para países que estejam construindo seus sistemas de transporte.
	Investimento em instalações de transporte público atrativas e formas não motorizadas de transporte.	
Edificações	Padrões e selos de aparelhos.	Revisão periódica dos padrões necessários.
	Códigos e certificação de edificações.	Atrativos para novas edificações. Pode ser difícil garantir o cumprimento.
	Programas de manejo do lado da demanda.	Necessidades de regulamentações para que as concessionárias possam ter lucro.
	Programas de liderança do setor público, inclusive aquisições.	As compras do governo podem expandir a demanda por produtos eficientes do ponto de vista energético.
	Incentivos para empresas que prestam serviços de energia.	Fator de êxito: acesso a financiamento de terceiros.

Setor	Políticas, medidas e instrumentos que se mostraram ambientalmente eficazes	Principais restrições ou oportunidades
Indústria	Fornecimento de informações de referência (*benchmark*).	Podem ser adequados para estimular a adoção de tecnologias. A estabilidade da política nacional é importante em vista da competitividade internacional.
	Padrões de desempenho.	
	Subsídios, créditos fiscais.	
	Licenças negociáveis.	Mecanismos de alocação previsíveis e sinais estáveis de preços são importantes para os investimentos.
	Acordos voluntários.	Entre os fatores de êxito estão: metas claras, um cenário de linha de base, envolvimento de terceiros no planejamento e na revisão e disposições formais de monitoramento, íntima cooperação entre o governo e a indústria.
Agricultura	Incentivos financeiros e regulamentações para a melhoria do manejo da terra, manutenção do teor de carbono no solo, uso eficiente de fertilizantes e irrigação.	Podem incentivar a sinergia com o desenvolvimento sustentável e a redução da vulnerabilidade à mudança do clima, superando, assim, as barreiras à implantação.
Florestamento/Florestas	Incentivos financeiros (nacionais e internacionais) para aumentar a área florestal, reduzir o desflorestamento e promover a manutenção e o manejo florestal.	Entre as limitações estão a falta de capital de investimento e questões de posse da terra. Podem ajudar a reduzir a pobreza.
	Regulamentação do uso da terra, garantindo-se o seu cumprimento.	
Manejo de resíduos	Incentivos financeiros para a melhoria do manejo dos resíduos e das águas residuárias.	Podem estimular a difusão de tecnologias.
	Incentivos à energia renovável ou obrigação de uso de energia renovável.	Disponibilidade local de combustível de baixo custo.
	Regulamentações do manejo de resíduos.	Aplicadas de forma mais eficaz em âmbito nacional, com estratégias de garantia do cumprimento.

Fonte: Relatório do IPCC de 2007.

A maioria dos governos mundiais ainda não se deu conta da situação na qual todos nós nos encontramos. O relatório reconhece isso e em um apelo quase quixotesco frisa:

A mudança climática deve ser considerada como um elemento integrante das políticas de desenvolvimento sustentável. As circunstâncias nacionais e a força de instituições determinam como as políticas de desenvolvimento impactam nas emissões de gases de efeito estufa (p. 34).

Infelizmente, decisões sobre política macroeconômica, agrícola, de empréstimos bancários, práticas de seguro, reforma do mercado de eletricidade, segurança energética e conservação florestal, por exemplo, ainda estão sendo tomadas como se a mudança climática não existisse. Perde-se aí um grande potencial de redução de emissões e de sofrimentos.

No documento acentua-se ainda que a redução do desmatamento e de perdas de *habitats* naturais pode trazer benefícios para a biodiversidade, conservação do solo e da água, e que:

> Reflorestamentos e plantações para bioenergia podem levar à restauração de áreas degradadas, à proteção contra erosão (enxurrada), à retenção de carbono pelo solo e beneficiar a economia rural, mas pode competir com a produção de alimentos e pode ser negativo para a biodiversidade, se não for projetado apropriadamente (p. 34).

No Brasil existia uma instituição chamada IBDF (Instituto Brasileiro de Desenvolvimento Florestal). Foi extinta junto com outros órgãos federais (Sema, Sudepe e Sudhevea, que cuidavam do meio ambiente, pesca e borracha, respectivamente) para a criação do Ibama em 1989.

À época, responsável pelos parques brasileiros, o IBDF desenvolveu um notável trabalho conduzido por especialistas comprometidos e dotados de visão sistêmica.

Legaram ao mundo áreas protegidas, como Foz do Iguaçu, Aparados da Serra, Parque Nacional de Brasília, Itatiaia e tantas outras, abrigando amostras de vários biomas brasileiros.

Mas, enquanto dispunha de pessoas assim, havia, em outros departamentos, focos da corrupção. O reflorestamento no País se transformou em sinônimo de corrupção e engodo. Havia corrupção também por parte dos "reflorestadores". Muitas vezes recebiam-se os financiamentos para reflorestar e fazia-se apenas o perímetro para enganar a fiscalização.

Reflorestar, no Brasil, ficou caracterizado como algo ligado à corrupção (ou simplesmente para se retirar a celulose). Como prática conservacionista, dificilmente se poderia identificar projetos duradouros, executados sem históricos de degradação e desrespeito às comunidades locais.

Dessa forma, essa atividade vai precisar mostrar maturidade e exemplos de competência, seriedade e permanência, para que se mude a percepção do público a seu respeito, a despeito dos esforços e avanços conseguidos por algumas empresas de celulose.

Para completar essa análise sobre as recomendações do IPCC dirigida aos formuladores de políticas, referentes a impactos, adaptação e vulnerabilidade, destaca-se:

> Há impactos para os quais a adaptação é a única resposta possível e adequada (p. 24). Prevê-se que os impactos aumentem com os aumentos da temperatura global média (p. 25).

Quer dizer, o leite já derramou. Agora o choro é inócuo. Resta tirar a panela do fogo para não piorar tudo. O apito soou, mas ninguém escutou.

Reconhece-se que há uma vasta gama de opções de adaptação – tecnologias, gestão, políticas, mudanças comportamentais –, porém, em todas elas, há barreiras ambientais, econômicas, de informação, sociais, atitudinais e comportamentais "descomunais para a implantação da adaptação" (p. 25).

Claramente não se deve esperar que a adaptação sozinha possa lidar com todos os efeitos esperados da mudança do clima, principalmente porque esses continuarão aumentando em magnitude e frequência.

Além disso, a vulnerabilidade das populações pode ser exacerbada pela presença de outros fatores de tensão (pobreza, acesso desigual a recursos, insegurança alimentar, incidência de doenças como AIDS/HIV e outros).

A advertência seguinte é uma das mais contundentes deste relatório:

> Nem mesmo os esforços mais rigorosos de mitigação conseguiriam evitar impactos adicionais da mudança do clima nas próximas décadas, o que torna a adaptação essencial.

Ou seja, um portfólio de medidas é necessário para enfrentar a situação: mitigação, adaptação, novas tecnologias, pesquisa, inovação (principalmente na educação, esse fóssil vivo), sem esquecer as reformas políticas e o fortalecimento de instituições internacionais e das representações comunitárias.

Tudo isso, sem corrupção!

Observação: os termos abaixo foram utilizados nesse item conforme definição oficial do IPCC:

Mudança do clima: qualquer mudança do clima que ocorra em decorrência da variabilidade natural ou da atividade humana.

Vulnerabilidade: grau de susceptibilidade ou incapacidade de um sistema para lidar com os efeitos adversos da mudança do clima (p. 28).

5.4 Mordaças no IPCC

Tim Flannery, no seu livro *Os senhores do clima* (2007), à página 286 acentua:

Se o IPCC diz alguma coisa, é bom acreditar – e dar o desconto de que, provavelmente, as coisas são muito piores do que eles dizem.

Realmente, dois anos após a divulgação desse relatório, alguns cientistas do painel vieram a público afirmar que a situação seria bem pior do que a estimada.

Mas baseado em que Flannery fez aquela afirmação? A resposta é simples: mordaça! É terrível saber isso, mas é assim que funciona.

Dá-se como exemplo o relatório de 2001. Foi o resultado do trabalho de 426 especialistas, cujas conclusões foram avaliadas duas vezes por 440 revisores, supervisionados por 33 editores e aprovados por delegados de cem países. Dessa forma, restringe-se ao menor denominador comum.

Nas comissões há representantes de países dependentes de combustíveis fósseis – Oriente Médio, China e Estados Unidos, por exemplo –, que exercem uma influência indevida em debates intermináveis sobre palavras e expressões que não concordam, objetivando suavizar as declarações.

Dessa forma, os relatórios sempre apresentam resultados subdimensionados, subestimados. Dificilmente revelações mais contundentes conseguem passar pela peneira das corporações e chegar ao grande público.

Poucas pessoas sabem que quando a questão climática explodiu, formou-se imediatamente uma poderosa coalizão para ocultar os perigos dessa mudança.

Em 1989 fundou-se a *Global Climate Coalition* (Coalizão Global do Clima), constituída por 50 corporações de petróleo, gás, carvão, indústria automobilística e indústria química, entre outras.

Essa coalizão se constituiu no *lobby* mais poderoso do mundo para esconder da opinião pública a real gravidade da mudança climática, causando um dano incalculável para a sociedade humana ao retardar as discussões e tomadas de decisões.

Empresas como a Dupont, British Petroleo, Texaco, Exxon, Mobil, GM e Chevron (Flannery, 2007, p. 282) despejaram, em apenas 11 anos, 60 milhões de dólares em doações políticas e outros tantos em propaganda para lançar dúvidas sobre a teoria do aquecimento global, tendo, até mesmo, influenciado os resultados da Rio-92.

Para se ter uma ideia da pressão sobre os cientistas e as instituições ambientalistas, os donos do carvão[23] doaram 20 milhões de dólares para a campanha que elegeu o republicano Bush em 2000 e depois mais 21 milhões de dólares para o acesso ao seu vice Cheney (p. 282), reconhecidamente antiambientalistas.

A irresponsabilidade desses atos se configura no despreparo de inúmeros povos que ainda não acordaram para os perigos e expõem as suas populações a massacres climáticos frequentemente exibidos pela mídia mundial.

"É lógico que o ceticismo é indispensável na pesquisa científica, mas quando a sua intenção é enganar, no lugar de esclarecer, não temos ceticismo, e sim fraude", destaca Flannery (p. 285).

Essa coalizão foi felizmente implodida pela própria ganância. Muitas corporações a abandonaram ao perceberem os danos que poderiam sofrer por pedidos de indenizações bilionárias que certamente irão acontecer, além de identificarem excelentes oportunidades de negócios em face aos desafios para a provisão de energia de fontes renováveis que se estabeleceu em seguida.

Porém, o estrago já havia sido feito.

---

23 As reservas de carvão são muito superiores às reservas de petróleo. O carvão gera a energia mais suja do planeta e representa a maior parte da matriz energética de muitos países (China, por exemplo). Uma tonelada de carvão negro (antracito) emite 3,5 ton de CO_2.

Há, ainda, inúmeros grupos reacionários, principalmente baseados na Austrália (maior emissão por pessoa do mundo; 90% de sua matriz é carvão), facilmente identificáveis na internet.

Especializaram-se em elaborar um catálogo de infâmias e lançar dúvidas sobre os estudos climáticos, especialmente sobre o IPCC. "Ensinam" que tudo é uma grande fraude e utilizam táticas semelhantes às utilizadas pela indústria do amianto e do tabaco, que encontraram "cientistas" dispostos a duvidar das ligações entre seus produtos e o câncer.

Hoje, diante das catástrofes climáticas presentes em nossas vidas, diante do sofrimento dos milhões de refugiados ambientais em todo o mundo, fica a indignação e a condenação a tais pessoas e/ou grupos repugnantes que cometeram esse crime de lesa humanidade, autênticos neocarrascos, assassinos em massa, e que tiveram a coragem de dar as caras na Rio + 20, em 2012, travestidos de economia verde e "desenvolvimento sustentável", ainda agarrados ao mito do crescimento ilimitado.

5.5 O 5º relatório do IPCC (2013-2014)

Os moldes de construção desse relatório são semelhantes aos anteriores. Porém, há mais tecnologia embarcada. Os modelos climáticos evoluíram, isso confere melhores aproximações e mais precisão. Entretanto, o conteúdo é previsível: a coisa é mais grave do que se imaginava.

As 2.500 páginas de texto baseados em 9.200 publicações científicas concluíram que o aquecimento climático é inequívoco. A atmosfera e o oceano se aquecem, a neve e o gelo diminuem, o nível do mar se eleva e as concentrações de gás carbônico continuam aumentando. Acentuam que é extremamente provável que a influência humana tem sido a causa dominante do aquecimento observado desde meados do século XX. O aquecimento vai continuar para além de 2.100 em todos os cenários (IPCC, 2013).

Não é objetivo deste trabalho reunir o que há de mais recente sobre a temática – afinal, as atualizações podem ser feitas instantaneamente em variados *sites* na grande rede –, mas prover uma análise da caminhada já realizada, seus deslizes, valores, significados e importâncias, e alertar para a imprudência de ignorar tudo isso.

"O céu de todos os invernos
Cobre em meu ser todo o verão...
Vai pras profundezas dos infernos
E deixa em paz meu coração."

FERNANDO PESSOA, *Obra poética*

6. O Índice de Vulnerabilidade Ambiental, 2006

Em 2006 a Universidade de Columbia (Columbia University's Center for International Earth Science) divulgou nos Estados Unidos o seu Índice de Vulnerabilidade Ambiental (The Environmental Vulnerability Index).

Trata-se do *ranking* (classificação) dos países mais preparados para enfrentar a mudança global do clima.

O estudo apresentou cem países (do mais ao menos preparado). A Noruega seria o país mais bem preparado para enfrentar aqueles desafios, e Serra Leoa o mais despreparado.

01. Noruega	16. Nova Zelândia	55. Jordânia	8. Paquistão
02. Finlândia	17. Espanha	56. Brasil	82. Síria
03. Suécia	22. Reino Unido	57. Filipinas	83. Guatemala
04. Suíça	23. Portugal	59. Paraguai	84. Haiti
05. Canadá	25. Israel	60. México	88. Uganda
06. Japão	40. Chile	62. Bolívia	89. Nigéria
07. Áustria	41. Colômbia	63. Peru	90. Senegal
08. França	44. Uruguai	64. Vietnã	91. Quênia
09. Estados Unidos	45. Indonésia	70. El Salvador	92. Angola
10. Dinamarca	46. Equador	71. Honduras	96. Etiópia
11. Bélgica	51. Egito	72. Marrocos	98. Somália
12. Itália	52. China	74. Índia	99. Bangladesh
14. Holanda	53. Líbano	75. Nicarágua	100. Serra Leoa
15. Austrália			

É relevante observar que países como Holanda, que tem uma grande parte de suas terras abaixo do nível do mar, apresentassem alta vulnerabilidade. Entretanto, a Holanda está entre os vinte países mais "seguros", digamos assim. Como entender isso?

Ocorre que a Holanda vem investindo em mitigação e adaptação desde os primeiros relatórios do IPCC, ainda mais com a experiência acumulada em conviver continuamente com ameaças naturais, principalmente com a elevação do nível do mar.

Algo semelhante se repetiu no Japão. Construções em áreas mais elevadas, anteparos contra elevação do nível do mar e um infinito repertório de medidas de adaptação estão em pleno processo de execução desde 1995. Muitas dessas medidas pouparam milhares de vidas durante os eventos catastróficos de 2011 (terremoto seguido de tsunami, regado a vazamento radioativo).[1]

Que medidas foram tomadas para evitar a perda de milhares de vidas humanas em Bangladesh, por conta de inundações e tempestades já previstas, foram anunciadas e mapeadas?

Que medidas foram tomadas em Santa Catarina, por exemplo, para evitar o sofrimento anunciado depois de seguidas catástrofes? A classificação do Brasil (56ª) coloca-o em situação de grande vulnerabilidade, requerendo medidas imediatas que dificilmente virão.

Em alguns casos, a Defesa Civil, em um esforço supra-humano e sob condições precárias de atuação (recursos financeiros limitados, como já foi acentuado), consegue avisar as pessoas algumas horas antes de enchentes. Os danos, no entanto, continuam. As consequências se repetem, pois as causas não foram administradas. As pessoas continuaram habitando áreas de riscos.

Eis o desafio lançado pelos cenários. Países com baixa governança não apresentam capacidade de promover o processo de adaptação em curto ou médio prazo; têm dificuldade de percepção, planejamento, execução e avaliação de programas para o enfrentamento dos problemas derivados da mudança climática global. Desafio total.

---

[1] Outras medidas se mostraram insuficientes, como o caso da gigantesca muralha erguida para conter tsunamis; as ondas passaram por cima e a água acumulada não tinha como retornar ao mar, formando um enorme lago com 15 metros de profundidade, imergindo tudo.

As suas vulnerabilidades não são apenas naturais (grande faixa de litoral densamente povoada, áreas abaixo do nível do mar, poucos recursos hídricos, solos improdutivos e outros), mas são constituídas por pontos frágeis da sua rede de sustentação social, política e econômica, agravada pela pobreza, ignorância, corrupção e regimes autoritários e/ou viciados (pseudodemocracias, eucracias, plutocracias e afins).

7. Estudo de vulnerabilidade, impactos e adaptação no Brasil, 2005

O Núcleo de Assuntos Estratégicos (NAE) da Presidência da República, por meio do seu Centro de Gestão e Estudos Estratégicos (CGEE), reuniu 27 especialistas de reconhecida competência no assunto para a condução de um trabalho de análise das implicações da mudança climática para o Brasil.

Fizeram-se avaliações diagnósticas prospectivas, examinando conjunturas, oferecendo descrição, análise e simulação dos impactos para o país, nas grandes áreas da mudança climática, cuja complexidade engloba as dimensões científicas, políticas, econômicas, tecnológicas e diplomáticas (e social também, acredito).

Coordenado pelos cientistas Marcelo Khaled Poppe e Emílio Lèbre La Rovere, os resultados desses esforços foram apresentados nos cadernos NAE, 03 (2005), sob o título *Mudança do clima*, em dois volumes.

O volume I traz "Negociações internacionais sobre a mudança do clima" e "Vulnerabilidade, impactos e adaptação à mudança do clima". Apresenta o estudo consolidado sobre vulnerabilidade, impactos e adaptação à mudança do clima, abrangendo os setores de saúde humana, agricultura, florestas, semiárido, zonas costeiras, biodiversidade e recursos hídricos.

Tratam do mercado internacional de créditos de carbono, oportunidades de negócios em segmentos produtivos nacionais (energia, resíduos sólidos, agropecuária e florestas), ferramentas para a viabilização das oportunidades e o sistema institucional brasileiro para tramitação de projetos de MDL (mecanismos de desenvolvimento limpo).

O estudo contou com a participação de vários especialistas consultados e reuniu os seguintes cientistas brasileiros de renome internacional:

André Aranha Corrêa do Lago
André Felipe Simões
André Santos Pereira
Carlos Afonso Nobre
Carolina B. S. Dubeux
Cláudia do Valle Costa
Cláudio Fernando Mahler
Cláudio Freitas Neves
Dieter Carl Ernst Heino Muehe
Eneas Salati
Fernando Rei
José Antonio Marengo Orsini
Kamyla Borges da Cunha

Luciano Bastos Oliveira
Luiz Edmundo Costa Leite
Luiz Gylvan Meira Filho
Magda Aparecida de Lima
Manoel Fernandes Martins Nogueira
Marcelo Theoto Rocha
Marcos Aurélio Vasconcelos de Freitas
Maurício Mendonça
Roberto Schaeffer
Robin Thomas Clarke
Thelma Krug
Ulisses E. C. Confalonieri
Vanderlei Perez Canhos

Nesse contundente documento, afirmam:

> A mudança global do clima já vem se manifestando de diversas formas, destacando-se:
> ◇ o aquecimento global;
> ◇ a maior frequência e intensidade de eventos climáticos extremos;
> ◇ as alterações no regime de chuvas;
> ◇ as perturbações nas correntes marinhas;
> ◇ a retração de geleiras e elevação do nível dos oceanos.

E enfatizam:

> A menos que ações globais de mitigação do aumento de emissão de gases de efeito estufa sejam efetivamente implementadas nas próximas décadas. Seria necessária uma redução de cerca de 60% das emissões globais de GEES para estabilizar suas concentrações em níveis considerados seguros para o sistema climático global (p. 13, vol. I).

Acentua-se que a questão da adaptação à mudança do clima vai se tornando cada vez mais relevante no processo de negociação da conservação do clima. Os países não pertencentes ao Anexo 1 "deverão ter maiores dificuldades para lidar com os impactos e enfrentar os custos crescentes de adaptação à mudança do clima".

Os países em desenvolvimento são de fato os mais vulneráveis à mudança climática, em função de terem historicamente menor capacidade de responder à variabilidade natural do clima.

No estudo aponta-se que a vulnerabilidade do Brasil em relação à mudança do clima se manifesta em diversas áreas:

- aumento da frequência e intensidade de enchentes e secas, com perdas na agricultura e ameaças à biodiversidade;
- mudança do regime hidrológico, com impactos sobre a capacidade de geração hidrelétrica;
- expansão de vetores de doenças endêmicas;
- imposição de danos a grandes regiões metropolitanas litorâneas devido a inundações pela elevação do nível do mar.

À página 18 do volume I enfatiza:

> O Brasil é, indubitavelmente, um dos países que podem ser duramente atingidos pelos efeitos adversos das mudanças climáticas futuras, já que tem uma economia fortemente dependente de recursos naturais diretamente ligados ao clima na agricultura e na geração de energia hidroelétrica. Também a variabilidade climática afetará vastos setores das populações de menor renda como os habitantes do semiárido nordestino ou as populações vivendo em áreas de risco de deslizamentos de encostas, enxurradas e inundações nos grandes centros urbanos.

Adverte-se ainda:

> Para um país com tamanha vulnerabilidade, o esforço de mapear tal vulnerabilidade e risco, conhecer profundamente suas causas, setor por setor, e subsidiar políticas públicas de mitigação e de adaptação ainda incipiente, situando-se aquém de suas necessidades.

É urgente um esforço nacional para a elaboração de um 'Mapa Nacional de Vulnerabilidade e Riscos às Mudanças Climáticas', integrando as diferentes vulnerabilidades setoriais e integrando com as demais causas de vulnerabilidades.

O país ainda carece de um programa mobilizador das competências nacionais nesta área capaz de conduzir o grau de conhecimento sobre este assunto a um patamar condizente com as necessidades e a importância do tema.

Acentua-se que a temática ainda não está suficientemente integrada pelo setor de Ciência e Tecnologia (C&T) nacional. Alguns países da América Latina estão relativamente adiantados em relação ao Brasil no conhecimento de vulnerabilidades e riscos das mudanças climáticas.

Completa-se frisando que se torna fundamental dedicar maior atenção ao levantamento de estudos das vulnerabilidades, dos impactos setoriais e das medidas de adaptação adequadas. (p. 19, vol. I).

Ressalta-se que o país ainda se encontra mal preparado e o grau de conhecimento sobre o assunto é insuficiente. Essa preocupação é marginalmente maior no setor agrícola (Siqueira *et al.*, 2001). De modo geral, nem mesmo o setor de C&T nacional se deu conta da relevância da questão das mudanças climáticas para o futuro sustentável do país. (p. 209, vol. 1).

Chamo a atenção do(a) leitor(a) para o ano de apresentação desse excelente estudo: 2005. Conte os anos que passaram e confronte com o que foi observado. Olha o nó.

Observação:
Note-se o importante trabalho sobre os impactos da mudança do clima, coordenado pelo Dr. Carlos Affonso Nobre em 2004 e publicado pelo Centro de Gestão e Estudos Estratégicos (CGEE) para o Núcleo de Assuntos Estratégicos da Presidência da República.

8. O Estudo Stern, 2006

Outro relatório que agitou o meio acadêmico, econômico e político foi o chamado Estudo Stern (*O estudo Stern: aspectos econômicos das mudanças climáticas globais*).

É que o seu autor não era um ecologista catastrofista ou um ambientalista colapsista, nem um bicho grilo apocalipsista, mas, sim, um economista. Mas não um economista qualquer, formado em mais uma dessas faculdades espalhadas por aí para coletar mensalidades e espalhar diplomas que servirão para nada, tratava-se de um grande estudioso e de um ex-presidente do Banco Mundial.

8.1 Introdução ao Estudo Stern

O que é o Estudo Stern?

É um exame detalhado dos impactos econômicos decorrentes das mudanças climáticas globais. Analisa os aspectos econômicos da estabilização da concentração dos gases causadores do aumento do efeito estufa na atmosfera.

Considera os complexos desafios políticos envolvidos na gestão da transição para uma economia de baixo carbono e no esforço para assegurar que as sociedades consigam se adaptar às consequências das mudanças climáticas que já são inevitáveis.

Quem solicitou o estudo e qual o seu objetivo?

Esse estudo independente foi encomendado pelo Ministro das Finanças do Reino Unido (H. M. *Treasure*), responsável pela formulação e implantação da política financeira e econômica para sua própria informação, assim como para o Primeiro-Ministro do Reino Unido. Objetivou contribuir para a análise dos aspectos econômicos das mudanças climáticas.

Quem conduziu o estudo?

Foi conduzido em 2006-2007 por Nicholas Stern, ex-presidente do Banco Mundial, um profundo e respeitado conhecedor da economia global.

O que diz o Estudo Stern?

É o que veremos a seguir (um resumo comentado dos principais tópicos; note que o texto original está em **negrito**).

8.2 Mudança climática e riscos para a economia

Do estudo destacamos:

1. **As provas científicas são agora esmagadoras: as mudanças climáticas apresentam riscos globais muito graves que exigem uma resposta global urgente.**

O estudo assume que os cientistas não estão blefando. Não se trata de ecoterrorismo midiático ou produzido por ecologistas radicais apaixonados, mas de demonstrações objetivas das implicações sociais, econômicas, políticas e ecológicas, entre outras, da mudança global do clima. Os riscos existem e seria arriscado, e caro demais, ignorá-los.

2. **As mudanças climáticas são globais nas suas causas e consequências e a ação coletiva internacional será crítica para impulsionar uma resposta eficaz, eficiente e equitativa na escala requerida.**

Em longo prazo, TODOS serão afetados. TODOS contribuíram, mais ou menos intensamente, para configurar as consequências vigentes.

Sem cooperação internacional não se conseguirá evitar os sofrimentos descritos nos diversos cenários, cujo *trailer* já está nas manchetes diárias do mundo.

Essa cooperação deve propiciar o estímulo à pesquisa, ao desenvolvimento e aplicação de tecnologias, bem como promover a adaptação, principalmente nos países em desenvolvimento.

8.3 Mudança climática: a maior falha de mercado da história

1. As mudanças climáticas representam um desafio único para a economia: são a maior e mais abrangente falha de mercado jamais vista.

Quando os economistas falam em "falha de mercado" pode-se traduzir assim: a maior "mancada" da economia. Falta de percepção, visão fragmentada, reducionismo, vácuo de sabedoria, tudo frito na gordura da ganância e servido em pratos do imediatismo.

Nenhum modelo de análise econômica foi capaz de prever essa situação. E é fácil de compreender: a economia tradicional jamais considerou e/ou percebeu que os recursos naturais que utiliza dependem da saúde dos ecossistemas. **Não há economia saudável com ambiente doente.**

A economia tradicional quer que seus processos continuem sendo lineares em um planeta com recursos finitos. Uma impossibilidade lógica, até.

Foto 15. Plantação de lâmpadas fluorescentes. Sede do Ibama em Brasília, junho de 2010.

Para a economia conservadora, uma floresta é apenas madeira; o mar, apenas fonte de pescados; mamíferos, apenas proteínas; rios, apenas depósitos de lixo ou lugar para se fazer barragens; córregos cristalinos, apenas garrafas de água mineral; a natureza está ali para ser saqueada. Uma espécie de "hipermercado" gratuito de estoque infinito de onde tudo se retira e nada se repõe, **tudo só tem preço, nada tem valor** (que não seja o econômico).

A situação de degradação ambiental global a que se chegou – dentre as quais se destaca a mudança climática como um dos seus subprodutos –, realmente se constitui no maior desafio enfrentado pela humanidade, principalmente se se considera as 7 bilhões de pessoas (logo 8, 9 etc.) que precisam se alimentar, beber água potável e ter acesso a serviços.

2. Ninguém pode prever as consequências das mudanças climáticas com toda a certeza, mas o que sabemos agora é suficiente para compreender os riscos.

O economista Stern vai contra uma corrente conservadora que frequentemente argumenta *"não temos um quadro completo do problema"* ou ainda *"há muita incerteza, faltam dados…"*. E assim deixam de tomar as medidas recomendadas.

Stern frisa claramente: *"o que sabemos agora é suficiente para compreender os riscos"*. Ou seja, não há tempo a perder. Seria arriscar demais esperar mais tempo para obter mais dados.

Tais "dados concretos" não chegarão; tal precisão científica sobre os complexos sistemas terrestres não serão alcançados por muitas gerações (se é que um dia isso será alcançado). A natureza não é linear, não pode ser reduzida a alguns tantos gráficos e números. A nossa arrogância acadêmica nos fez pensar assim.

> "O pensamento racional é linear, ao passo que a consciência ecológica decorre de uma intuição de sistemas não lineares."
>
> FRITJOF CAPRA, *O ponto de mutação*

As evidências atuais – atestadas por tantas aberrações climáticas em todo o mundo e consequências tão funestas – já são suficientes para se disparar processos de decisões imediatas no sentido de promover as mitigações e adaptações recomendadas.

8.4 Mitigação não é custo. É investimento

1. A mitigação – tomada de medidas vigorosas para a redução das emissões – deve ser considerada como um investimento, um custo incorrido agora e nas próximas décadas para evitar os riscos de consequências muito graves no futuro.

O recado é: o que se gastar agora significa gastar muito menos adiante. A lógica linear que instrumentaliza a percepção:

> da dinoeconomia[1] não permite que se compreenda isso. Essa cegueira poderá levar povos, corporações e países, a entender o sentido da dor apenas quando a sua pele já estiver dilacerada e seus órgãos internos expostos e em colapso.

2. Os efeitos das nossas ações de hoje sobre as mudanças climáticas no futuro levam muito tempo a se desenvolver. O que fizermos agora só terá efeitos sobre o clima nos próximos 40 ou 50 anos.

Cada dia que se perde em discussões intermináveis será computado no saldo devedor da sustentabilidade.

Acentua que a mitigação dos riscos deve ser incorporada às bases conceituais das políticas econômicas. Coisa difícil, para não dizer utópica.

3. Se estes investimentos forem realizados de forma sensata, os custos serão viáveis, proporcionando ao mesmo tempo um leque de oportunidades para o crescimento e o desenvolvimento. Para que isso funcione,

---

[1] De dinossauro.

Foto 16. *Adaptação. Obras que transformam as cheias no rio Sacramento em áreas agrícolas de alta produtividade, na Califórnia, EUA, maio de 2011.*

as políticas devem promover sinais de mercado, sólidos, superar as falhas de mercado e ter a equidade e a mitigação de riscos no seu âmago.

O item expressa a essência conceitual desse estudo. Stern afirma a exequibilidade econômica das propostas de investimentos nas áreas de mitigação e adaptação. Ou seja, dá pra fazer, se quiserem.

Até agora, poucos quiseram.

4. As provas científicas apontam para riscos crescentes de impactos graves e irreversíveis resultantes das mudanças climáticas associadas com os caminhos da inação (BAU) em relação às emissões.

O termo BAU (*Business As Usual*) é utilizado para expressar a falta de tomada de decisões e ações efetivas, como vimos. Significa algo como "sempre foi assim", então, por que mudar? No Brasil, temos algo similar: a "Síndrome de Gabriela" ("eu nasci assim, eu cresci assim, vou ser sempre assim..."), que expressa a resistência a mudanças, uma espécie de misoneísmo[2] corporativo.

---

2 Hostilidade à inovação, à mudança de hábitos.

Reconhece o caráter irreversível de determinados aspectos e eventos da mudança do clima, contrariando a visão-percepção da maioria dos homens de negócios que jogam todas as suas fichas na tecnologia.

5. Os impactos das mudanças climáticas não estão distribuídos de forma equitativa – os países e os povos mais pobres serão os primeiros a ser afetados e os que sofrerão mais. E se e quando os danos aparecerem, será tarde demais para inverter o processo.

As mudanças climáticas são uma grave ameaça para o mundo em desenvolvimento e um importante obstáculo à redução continuada da pobreza em todas as suas dimensões.

A essa altura, as "Metas do milênio" da ONU foram para um brejo bem poluído.

A sua mensagem teria o mesmo efeito do discurso do Carlitos a uma plateia de corruptos latinos.[3]

O modelo de desenvolvimento adotado jogou a humanidade em uma armadilha: um pequeno grupo "seleto" se delicia com o banquete e a maioria fica sem comer e beber e ainda tem que pagar a conta.

Não há como compatibilizar consumismo exacerbado, desperdício, opulência e degradação ambiental generalizada com equilíbrio social e ecológico. Os limites foram ultrapassados.

8.5 A profecia do relatório humilhado do Clube de Roma, 1972

O curioso é que tais assertivas já haviam sido formuladas pelo Clube de Roma, no seu relatório *The limits of growth* (*Os limites do crescimento*, 1972) que estabelecia modelos globais baseados nas técnicas então pioneiras de análise de sistemas, projetados para predizer como seria o futuro se não houvesse modificações ou ajustamentos nos modelos de desenvolvimento econômico adotados.

---

[3] Refere-se ao personagem de Charlie Chaplin no filme *O ditador*.

O documento denunciava a busca incessante do crescimento da sociedade a qualquer custo e a meta de se tornar, cada vez maior, mais rica e poderosa, sem levar em conta o custo final desse crescimento.

Os modelos demonstravam que o crescente consumo geral levaria a humanidade a um limite de crescimento, possivelmente a um colapso. Os políticos rejeitaram as suas observações e os economistas ridicularizaram o estudo. Entretanto, o tempo mostrou que aqueles estudiosos estavam certos ao alertar a humanidade para a necessidade de maior prudência nos seus estilos de desenvolvimento.

Mas os alertas não ficaram apenas aí. Em 1983 a ONU criou a Comissão Mundial sobre Meio Ambiente e Desenvolvimento, presidida por Gro Harlem Brundtland, primeira-ministra da Noruega. Sua missão era reexaminar os principais problemas do meio ambiente e do desenvolvimento em âmbito planetário, e formular propostas realistas para solucioná-los.

A Comissão produziu o Relatório da Comissão Mundial sobre Meio Ambiente e Desenvolvimento que ficou conhecido como Nosso futuro comum (Our common future, 1987), resultado de três anos de pesquisas e análises, e trabalho de centenas de especialistas de várias nações.

No Brasil, o Nosso futuro comum foi publicado em 1988, pela Editora da Fundação Getúlio Vargas (RJ), instituição de vanguarda, e ainda é uma obra de referência. Merece ser revisitada. Ali se comprova o quanto fomos idiotamente imprudentes e envolvidos por um modelo de "desenvolvimento" suicida, fraturador dos processos vitais sociais e ecológicos.

A obra mostrava (e mostra) a necessidade de vincular mais estreitamente as relações entre Economia e Ecologia, acentuando que um desenvolvimento econômico ideal torna imperiosa a conservação dos meios naturais. O progresso não pode se basear na exploração indiscriminada e devastadora da natureza.

Nesse sentido, lança as bases do Desenvolvimento Sustentável, tendo sido considerado como o documento mais importante da década sobre o futuro do mundo.

Foi também o trabalho mais achincalhado, ridicularizado e barbarizado na academia, no meio político e na mídia. Uma pena.

> "[...] a imagem da nave espacial engana. Uma nave tem passageiros. Em Gaia não há passageiros, *tudo é e todos somos*. Não teria sentido dizer que meu coração ou meu cérebro são passageiros meus."
>
> JOSÉ LUTZENBERG, *Gaia*

Em primeiro lugar, as regiões em desenvolvimento estão em desvantagem do ponto de vista geográfico: já são mais quentes, em média, do que as regiões desenvolvidas, sofrendo também de uma alta variação da pluviosidade. Assim sendo, o aquecimento adicional trará aos países pobres custos elevados e poucos benefícios.

É a situação da África, de parte da Ásia e da América do Sul e Central. No Brasil, a vulnerabilidade maior é do Nordeste e do extremo Sul.

Quanto aos "poucos benefícios", refere-se à tendência conhecida de aquecimento de algumas regiões ricas e frias do mundo que, em um primeiro momento, serão beneficiadas com um aumento da produtividade agrícola (Canadá e norte dos Estados Unidos, por exemplo).

8.6 Acorda Brasil

1. Em segundo lugar, os países em desenvolvimento – principalmente os mais pobres – são altamente dependentes da agricultura, o setor econômico mais sensível de todos, ao clima, e sofrem da má qualidade dos seus serviços públicos, a exemplo da inadequação dos seus serviços de saúde.

Sinaliza para a necessidade de medidas urgentes nessas regiões. Incluem os estudos de vulnerabilidade, mitigação e adaptação. Já que se sabe o que pode acontecer: não é preciso esperar o incêndio ocorrer primeiro para depois ir providenciar o combate, pois pode ser caro demais, ou muito tarde.

2. Em terceiro lugar, suas rendas baixas e suas vulnerabilidades tornam a adaptação às mudanças climáticas especialmente difíceis.

Devido a essas vulnerabilidades — principalmente baixa governança ambiental, corrupção e outros constrangimentos —, as mudanças climáticas provavelmente reduzirão ainda mais as rendas que já são pequenas e aumentarão as taxas de doença e de morte nos países em desenvolvimento.

O estudo sugere que a queda dos rendimentos aumentará a pobreza e reduzirá a capacidade dos agregados familiares de investir num futuro melhor, obrigando-os a gastar suas poucas economias para sobreviver.

3. Em nível nacional, as mudanças climáticas reduzirão as receitas e aumentarão as necessidades de gastos, piorando as finanças públicas.

Muitos dos países em desenvolvimento já têm dificuldade em fazer frente ao seu clima atual. Os choques climáticos atualmente provocam retrocessos no desenvolvimento econômico e social dos países em desenvolvimento, mesmo com aumentos de temperatura de menos de 1°C.

Se se considera o agravamento das finanças públicas em nações que já possuem serviços públicos combalidos, podem-se imaginar os cenários cruéis para tais povos, caso a adoção do BAU (inação) seja a estratégia escolhida.

4. A elevação do nível dos mares e outras mudanças climáticas poderiam levar à migração de milhões de pessoas.

A vulnerabilidade das áreas costeiras é uma das mais preocupantes porquanto ali residem 40% da população humana, em uma faixa de apenas 100 km, como já dissemos. Obviamente, o que ocorrer nessa faixa certamente envolverá grandes contingentes.

Em situação de estresse extremo, naturalmente as populações migram. Daí a preocupação dos mais ricos. A migração esqueletiza seus planos.

O mundo dispunha, em 2012, de cerca de 45 milhões de refugiados ambientais espalhados pelo mundo. Expulsos de suas terras por falta de chuvas, solos ressequidos acompanhados de pragas, pobreza crônica e desgovernança sistemática – ainda fermentados por conflitos tribais, corrupção e outros condimentos da desgraça social –, essas pessoas vagam pelos espaços transnacionais, dependendo que o alimento chegue de helicóptero.

8.7 A anarquia da ordem econômica

1. O custo total das mudanças climáticas do cenário de inação BAU poderá ter um valor equivalente a uma redução da ordem dos 20% no consumo per capita, atualmente e daqui para o futuro.

Baseado em episódios anteriores, uma redução de 20% no consumo *per capita* é capaz de produzir abalos econômicos, financeiros, políticos, sociais e outros, próprios de colapsos. Ocorre que, desta vez, as interdependências dos mercados são muito maiores, resultando em consequências em rede, com reflexos imediatos. O sistema nervoso da economia atual é mais tenso, sobrecarregado e neurótico. Está assentado em mentiras, falcatruas e virtualidades próprias da engenharia da especulação – "ciência" dominada por meia dúzia de pessoas no mundo.

Uma redução de consumo mundial dessa envergadura colocaria em desordem todo o comércio internacional. As bolsas veriam seus pregões serem anarquizados, o dinheiro virar pó e o colapso seria generalizado.

2. As emissões globais anuais deverão ser reduzidas para um nível inferior a 5 $GtCO_2$, nível no qual a Terra pode absorver a concentração dos GEEs (Gases de Efeito Estufa) na atmosfera, sem lhes acrescentar mais. Esse nível é mais de 80% abaixo do nível absoluto das emissões anuais atuais.

O relatório do IPCC (fevereiro de 2007) indicava que estávamos despejando na atmosfera 25,9 Gton CO_2/ano (ou 25,9 bilhões de toneladas CO_2/ano). Como se percebe, estamos muito acima das 5 Gton pretendidas.

Para uma redução dessas proporções, a sociedade humana precisará passar por uma completa reformulação dos seus meios de produção e consumo, o que requereria uma nova percepção e mentalidade. Não é uma tarefa simples e que pode ser atingida sem rupturas, sejam lá quais forem.

Para completar os cenários de desafios, em 2011 provou-se que as emissões de GEEs continuavam crescendo em todo o mundo, como se fôra um jogo onde todas as possibilidades parecem se anular. Uma grande encrenca, principalmente porque a maior parte do sucesso no enfrentamento desse desafio depende de decisões e atitudes altruístas.

3. O alcance destas grandes reduções nas emissões terá seu custo. O estudo calcula que os custos anuais de estabilização da concentração de CO_2 entre 500 e 550 ppm serão da ordem de 1% do PIB até 2050 – um nível que é significativo, mas viável.

A conta é simples: ou aplica-se 1% do PIB ou perdem-se 20% do consumo mundial e se inscreve a humanidade em um grande experimento global de desconsertação.

A concentração de CO_2 passou de 280 ppm (1750, era pré-industrial) para 379 ppm (2007). Excede a média natural dos últimos 650 mil anos. E não para de crescer. É a realidade. E, dessa forma, não vai dar certo, obviamente.

8.8 Tarde demais para ser pessimista

1. A estabilização da concentração de CO_2 em 450 ppm já está quase fora do nosso alcance, dado que é provável que atinjamos este nível dentro de dez anos e que existem grandes dificuldades em realizar as reduções rápidas necessárias com as tecnologias atuais e previsíveis.

Essas dificuldades não estão sendo encaradas como devem. Ao contrário, são cinicamente utilizadas para *marketing*. As chamadas "neutralizações de carbono" são um exemplo. Plantam-se árvores dizendo que vão neutralizar as emissões de um evento. Quanta enganação! (apesar de abrigar algum apelo educacional). Só as viagens aéreas dos participantes requereriam uma área de plantio absolutamente inviável de ser plantada pelos organizadores (ver anexo VI).

Nem mesmo plantando árvores em toda a superfície da Terra poderíamos neutralizar as emissões que causamos. Mesmo que se computassem as áreas oceânicas e desérticas! Não vai ser apenas por meio da fotossíntese que vamos resolver o problema.

Não se quer dizer com isso que não devamos fazer as neutralizações. É importante plantar árvores. Os benefícios são inúmeros. O que não se deve é utilizar essa atividade para enganar as pessoas.

É claro que se todos resolvessem plantar árvores, a contribuição seria significativa. Mas isso só funcionaria se fosse combinado com outras ações, como melhoria do transporte coletivo, adoção de novas fontes de energia, redução do consumismo, das queimadas e do desmatamento, recuperação de áreas degradadas, desenvolvimento de novos combustíveis e outros, ou seja, um conjunto de fatores acontecendo ao mesmo tempo.

2. Um corolário importante é que pagaremos um preço muito elevado pela demora. Não tomar providências contra as mudanças climáticas a tempo tornaria necessário aceitar mais mudanças climáticas assim como, por fim, custos mais elevados de mitigação.

Medidas fracas nos próximos 10 a 20 anos colocariam a estabilização da concentração de CO_2 e mesmo a 550 ppm fora de alcance – e este nível já é associado a riscos significativos.

Essa advertência é enfatizada e exaustivamente repetida em diversos momentos do estudo. Quanto mais se demorar a tomar decisões e implantá-las, maior o prejuízo, seja lá qual for: econômico, social, ecológico ou político.

A expressão "riscos significativos" é uma forma fleugmática, branda e discreta, própria de um cavalheiro inglês, de dizer que o pau vai comer, a vaca vai pro brejo, a casa vai cair, a cobra vai fumar ou outros derivativos linguísticos próprios da criatividade humana fundida no calor das experiências ao longo da caminhada.

8.9 Crises e oportunidades andam juntas

1. A transição para uma economia de baixo carbono trará desafios para a competitividade, mas também oferecerá oportunidades de crescimento.

Os investimentos nessa área, nos países em desenvolvimento, ainda estão em uma fase preliminar. A falta de informação acoplada ao desinteresse faz com que muitos setores empresariais brasileiros percam oportunidades excelentes de investir nessa área.

Dessa forma, uma parte expressiva do que se faz por essas bandas em termos de iniciativas de implantação de atividades de baixo carbono – ou mesmo de atividades com tecnologias descarbonizadas –, estejam sendo executadas por estrangeiros.

Coisas como MDL (Mecanismos de Desenvolvimento Limpo), formas complementares de energia, absorção e estoque de carbono, mercado de carbono, valoração de serviços ecossistêmicos e outros, ainda soam estranhos nas salas de empresários conservadores.

Estamos saindo da era do carbono (lenha, carvão e petróleo) e entrando na era do hidrogênio (quiçá também da fusão nuclear) e de energias mais limpas.

A aplicação de energias complementares (eólica, fotovoltaica etc.) saltou das ilustrações dos livros de educação ambiental e foi se plantar nos pátios das corporações, brotando projetos e dispersando novas tecnologias. Porém, isso ainda está circunscrito a países mais ricos e em iniciativas tímidas de países em desenvolvimento.

Os países ricos não fazem transferência de tecnologia. Obviamente, em breve estarão vendendo (novamente) essas tecnologias para os países menos desenvolvidos. E então o ciclo continua.

Se os países em desenvolvimento não perceberem esses desafios e investirem em pesquisa, a história vai se repetir: serão simples importadores de novas tecnologias (carros movidos a hidrogênio e/ou eletricidade, por exemplo).

Nesse ponto da questão reside a desconfiança de alguns céticos do aquecimento global.[4] Esbugalham os olhos quando associam a descoberta de reservas de petróleo gigantescas em alguns países em desenvolvimento (como o caso do Brasil) com a demonização do carbono.

---

4 É justo separar as coisas. O cético do aquecimento global é mais técnico, discute em bases científicas; o cético ambiental é aquele que nega a degradação ambiental e diz ser tudo conversa apocalíptica de ecologista radical.

> "Vossa Ciência tem um pecado original: dirigir-se apenas à conquista do bem-estar material. A tarefa da ciência não pode ser apenas a de multiplicar as comodidades."
>
> PIETRO UBALDI, *A grande síntese*

A questão prossegue. Continuamos olhando bastante para fora de nós. Apenas.

8.10 Quanto custa evitar o pior?

1. Os custos de mitigação de cerca de 1% do PIB são modestos em relação aos custos e aos riscos das mudanças climáticas que serão evitadas.

São modestos para os países ricos. Para alguns países pobres tais investimentos são impensáveis. Logo, sem cooperação internacional, sem a atuação política de uma agência internacional poderosa – como a Organização das Nações Unidas para o Meio Ambiente –, tais nações podem mostrar ao mundo quadros cruéis de decomposição generalizada dos variados tecidos de sua organização social, política, econômica etc.

2. Todas as economias experimentam mudanças estruturais contínuas; as economias de maior sucesso são as que têm a flexibilidade e o dinamismo para adotar a mudança.

Não deixa de ser um chamamento ou advertência à necessidade de se considerar realmente a mudança climática como uma dimensão capaz de abalar profundamente a economia de uma nação caso essa não se alinhe às ações de adaptação e mitigação.

Flexibilidade e dinamismo dependem de governança eficiente, proativa, inteligente, confiável e produtiva. Eis o emboque.

3. A política para reduzir emissões deve ser baseada em três elementos essenciais: a fixação do preço do carbono, a política tecnológica e a eliminação de barreiras à alteração comportamental.

Uma política de adaptação é crucial para lidar com os impactos inevitáveis das mudanças climáticas, mas, em muitos países, não lhe foi atribuída importância suficiente.

A adaptação é a única resposta que existe para os impactos que ocorrerão ao longo de várias décadas até que as medidas de mitigação produzam efeito.

Mitigar (reduzir emissões) é essencial, embora seus resultados só possam ser percebidos nas próximas gerações. A adaptação traz benefícios imediatos. As duas medidas, porém, precisam ser tomadas ao mesmo tempo.

Curioso como entre os elementos considerados "essenciais" não há uma palavra sequer sobre o processo de Educação Ambiental.

Uma pergunta inconveniente: se a conversa do aquecimento global foi para retardar o crescimento dos países em desenvolvimento, como dar de bandeja para eles o comércio (praticamente monopólio) do carbono – uma vez que ali está o maior potencial de estocagem e captura?

4. Uma resposta eficaz às mudanças climáticas dependerá da criação de condições propícias a uma ação internacional coletiva.

Uma maior cooperação internacional para acelerar a inovação tecnológica e a sua difusão reduzirá os custos da mitigação.

Essa ação internacional coletiva vem sendo tentada por meio dos seguidos encontros entre lideranças mundiais promovidos pela ONU e outras agências. Os resultados, no entanto, continuam sendo tímidos. Ainda predominam os interesses dos países mais ricos que insistem em manter os seus níveis de emissões onde estão. No entanto, os países emergentes não querem, sozinhos, pagar a conta, e exigem o direito de emitir também. Ou seja, nós também temos o direito de dificultar ainda mais a situação.

> "A história humana pode ser vista pela lente da ecologia como a acumulação de próteses ambientais (cada avanço tecnológico é uma prótese)."
>
> WILSON, 1999

5. O setor privado é o principal impulsionador mundial da inovação e difusão das tecnologias no mundo inteiro. Mas os governos podem ajudar a promover a colaboração internacional para ultrapassar barreiras nesta área, inclusive mediante acordos formais e medidas que promovam a cooperação entre os setores público e privado.

Além da partilha dos riscos, das recompensas e dos progressos em matéria de desenvolvimento tecnológico, a cooperação tecnológica permite e permite a coordenação de prioridades.

Está acontecendo exatamente o contrário: em vez de cooperação, uma luta para esconder descobertas, patentear primeiro e esfolar depois.

Boa parte do setor privado identificou na mudança climática global apenas mais uma ótima oportunidade de negócios e tudo virou uma grande sinfonia de tilintar de dólares. O discurso ambiental se tornou apenas uma estratégia de *marketing*. Soltam balões fulgurantes em campos repletos de explosivos.

No setor público, as barreiras criadas pela baixa governança ambiental despejam toneladas de indefinições e morosidade, formadas pelo excesso de burocracia, sobreposições de atribuições, conflitos políticos, *lobbies* corporativos e corrupção.

8.11 O lucro do não desmatamento

1. A redução do desmatamento é uma forma altamente rentável de reduzir as emissões de gases causadores do aumento do efeito estufa.

As emissões resultantes do desmatamento são muito significativas – segundo as estimativas, elas representam mais de 18% das emissões mundiais, ou seja, uma proporção superior à produzida pelo setor mundial do transporte.

Daí surge um dos argumentos mais fortes utilizados pelos países ricos para pressionar os demais contra os desmatamentos. O curioso é que boa parcela da destruição das florestas tropicais do mundo é causada para sustentar parte do consumo dessas mesmas nações ricas. Não apenas consumo de madeira, mas também de papel, carne e soja, como (segundo Rodrigues (2008) as pastagens no Brasil ocupam 200 milhões de hectares; a agricultura, 72 milhões ha).

Um aspecto esquecido nesse estudo foi o das queimadas e incêndios florestais. Em muitos países, até mesmo no Brasil, esses eventos são responsáveis pela maior parcela de emissões de GEEs (tema tratado neste trabalho, em capítulo especial).

> "O universo não é caos, mas suprema ordem."
>
> PIETRO UBALDI, *A grande síntese*

2. Os países em desenvolvimento mais pobres serão os primeiros a serem afetados, e também com maior intensidade, pelas mudanças climáticas, apesar de terem contribuído pouco para causar o problema. Suas fracas receitas dificultam o financiamento da adaptação.

A comunidade internacional tem a obrigação de ajudá-los a se adaptar às mudanças climáticas. Sem esse apoio, corre-se um risco grave de prejudicar o seu progresso e desenvolvimento.

Quais as nações ricas que estão realmente "preocupadas" com isso? Quais nações estão dispostas a destinar seu dinheiro nessa empreitada para ajudar os "países em desenvolvimento mais pobres"?

Essa "ajuda", obviamente, estará acoplada aos seus interesses estratégicos nacionais, afinal, a mudança climática poderá ameaçar a disponibilidade das matérias-primas baratas que importam dos pobres (ferro e madeira, por exemplo) ou dos grãos e das carnes igualmente baratas que preferem importar e deixar os seus solos, florestas, rios e biodiversidade preservados.

Entretanto, essas nações ricas ultimamente estão experimentando abalos em seus bolsos, mergulhadas em crises contínuas, resultantes da desmineralização do esqueleto de suas estruturas econômicas. Assim, não vai ser fácil tirar sangue de candidatos à anemia.

8.12 Quanto mais tarde, mais caro

1. Ainda é possível evitar os piores impactos das mudanças climáticas, mas isso exige uma ação coletiva vigorosa e urgente. Qualquer atraso seria oneroso e perigoso.

O estudo é finalizado com essa expressão objetiva. Qualquer atraso seria "oneroso e perigoso", no caso, para o Reino Unido, supõe-se, uma vez que o estudo foi realizado para aquele governo. Mas pode-se acreditar que seja oneroso e perigoso para a confraria dos mais ricos, porque para os mais pobres será simplesmente cruel, colapsal, como já está sendo.

Stern considera que ainda é possível evitar o pior, mas isso só poderá ser alcançado se houver uma ação coletiva urgente, o que está muito longe de acontecer. Os desencontros entre as nações, fermentados pelos seus interesses particulares – ou de blocos –, a baixa *governança internacional* e os interesses corporativos formam uma rede de constrangimentos aparentemente intransponível.

Todo esse embrulho estaria resolvido se os cientistas estivessem equivocados. Mas as manchetes diárias estão dizendo o contrário.

A realidade está mais parecida com os relatórios do que com o ceticismo.

O desafio é pra valer. Essa ação "coletiva vigorosa e urgente" vai ter que acontecer de qualquer forma quer seja pela educação, pelo bolso, ou pelo sofrimento. Ou um misto disso tudo.

Uma coisa é óbvia: não vamos conseguir resolver os problemas criados pela tecnologia e falta de percepção, com mais tecnologia e mais falta de percepção.

Vamos precisar de instrumentos que certamente não poderão ser todos encontrados em laboratórios, telas de computadores e nos modelos sofisticados de análises. Vai requerer uma transformação mais profunda do ser humano.

O ser humano vai ter que dar atenção a coisas que ele nunca deu a menor importância. Humildade, respeito e cooperação, por exemplo.

9. Economia da mudança climática no Brasil

Em 2010, a bordo do impacto e das reflexões sobre o Estudo Stern, Sérgio Margulis (Banco Mundial) e Carolina Burle Schmidt Dubeux (Coppe/UFRJ) editaram e coordenaram o documento *Economia da mudança climática do Brasil: custos e oportunidades*, um estudo econômico das mudanças climáticas no Brasil.

Em um belíssimo exemplo de esforço grupal se reuniu uma equipe interdisciplinar para integrar projeções dos impactos da mudança climática sobre diferentes setores das atividades socioeconômicas brasileiras.

Tomou-se como horizonte da simulação o ano de 2050 e os cenários do IPCC.

Assim, foram apresentados os impactos ambientais, econômicos e sociais esperados sobre os recursos hídricos, energia, produção agrícola, padrão de uso da terra, biodiversidade amazônica, zona costeira e região Nordeste.

No estudo, os autores sugerem adaptações à mudança do clima nos setores agrícola, energético e na zona costeira, e expressam elementos de redução das emissões (mitigações), como a redução do desmatamento na Amazônia, adoção de biocombustíveis, efeitos da taxação sobre emissão de carbono na economia e considerações sobre o setor energético.

Destacam-se desse estudo – diga-se, inovador no País em sua configuração e esforço coletivo –, o seguinte:

◇ estima-se que o impacto da mudança climática possa reduzir o PIB brasileiro em 0,5% a 2,3% (ou perdas de 719 bilhões a 3,6 trilhões de reais) (p. 6);

◇ as regiões mais vulneráveis à mudança do clima seriam a Amazônia, com redução de 40% da floresta, e o Nordeste, com a diminuição das chuvas,

- causando perdas agrícolas em todos os estados da região e reduzindo em 25% a capacidade de pastoreio de bovinos;
- o declínio das chuvas reduziria a vazão dos rios em bacias do Nordeste (em até 90% entre 2070 e 2100) afetando a geração de energia elétrica, gerando perda de confiabilidade no sistema de geração;
- haveria perdas expressivas para a agricultura;
- os prejuízos para a zona costeira, devido à elevação do nível do mar foram estimados entre 135 a 207 bilhões de reais;
- como oportunidade de mitigação, um preço médio do carbono na Amazônia de US$ 3,00 por tonelada (US$ 450,00 por hectare), desestimularia entre 70 a 80% da pecuária na região; a US$ 50,00 seria possível reduzir o desmatamento em 90%;
- o impacto da taxação de carbono entre US$ 30 e 50 por tonelada reduziria as emissões nacionais entre 1,16% a 1,87% e resultaria em uma queda no PIB entre 0,13% e 0,08% (p. 7).

Vejam bem, leitores: essa listagem agrega um conjunto de eventos que pode impor sofrimentos impensáveis à população. Mesmo que se admita um erro de 50% – um absurdo em termos de análise –, ainda assim seria de uma gravidade brutal. Ignorá-la, margeia a insanidade depois de um mergulho na irresponsabilidade.

Como prioridades de ação (p. 8) o estudo sugere:

- devem ser reforçadas as políticas de proteção social para as populações pobres do Nordeste e Norte, porquanto serão as mais afetadas;
- associar metas de crescimento com a redução de emissões para assegurar acesso a mercados que favoreçam produtos com baixa emissão de carbono em seu ciclo de vida;
- a mudança do clima deve integrar as políticas governamentais;
- estancar o desmatamento da Amazônia;
- investir na eficiência energética; manter a matriz energética "limpa";
- que se incorpore a modelagem desenvolvida no estudo às redes de pesquisa, como a Rede Brasileira de Pesquisas sobre Mudanças Climáticas

Globais (Rede Clima) e o Instituto Nacional de Ciência e Tecnologia para Mudanças Climáticas.

O estudo traz o custo da inação (ou seja, deixar as coisas como estão, fazer nada, BAU) traduzido por perdas acarretadas pelos impactos da mudança climática no Brasil.

Consideram-se as perdas no PIB, na agricultura (arroz, -12%; algodão, -14%; café, -17%; feijão, -10%; soja, de 30% a 34%; milho -15%, por exemplo); na produção de energia elétrica firme (29% a 31%); nos serviços ambientais, entre outros.

Ou seja, o estudo avaliou o grau de influência da mudança climática na agenda de desenvolvimento do País, e se constituiu em uma contribuição valiosíssima de especialistas de 11 instituições de alta credibilidade nacional e internacional, à sociedade brasileira.

O Brasil – seus governos em todos os níveis, empresas, comunidades, mundo acadêmico, mídia, pessoas, e mais –, não podem, em nenhuma hipótese, se dar ao luxo da inação.

As recomendações e advertências formuladas nesse estudo precisam urgentemente ser consideradas, reconhecidas, aplicadas.

Na sua formulação trabalharam pessoas que representam o que há de mais sério, comprometido e competente dessa nação. Formam a parcela do patrimônio intelectual-científico-político, reconhecido não apenas por sua produção científica e/ou política, mas por suas intervenções importantes na vida comunitária do País.

Além disso, os coordenadores dos estudos setoriais e os componentes do conselho de orientação estão ligados a instituições que são referências nacionais.

É impossível ser indiferente ao trabalho de:

Alisson Barbieri (UFMG), Alexandre Szklo (Coppe/UFRJ), Bernardo Baeta Neves Strassburg, Carlos Afonso Nobre (Inpe), Carlos Azzoni (USP), Carlos Henrique de Brito Cruz (Fapesp), Carlos Roberto Azzoni (USP), Eduardo Assad (Embrapa), Eduardo Haddad (USP), Emílio La Rovere (Coppe/UFRJ), Eneas Salati, Fábio Feldmann (FPMC), Francisco de Assis Leme Franco, Hilton Pinto, Hilton Pinto (Unicamp), Israel Klabin, Jacques Marcovitch (USP), José

Domingos Gonzalez Miguez, José Feres (Ipea), José Goldenberg (USP), José Marengo (Inpe), Luciano Coutunho (BNDES), Luiz Gylvan Meira Filho (USP), Luiz Manoel Rebelo Fernandes, Luiz Pinguelli Rosa (UFRJ), Marcio Pochmann (Ipea), Marco Antonio Zago (CNPq), Marcos Sawaya Jank, Pedro Leite da Silva Dias, Paulo Cesar Rosman (UFRJ), Paulo Moutinho, Roberto Schneider, Roberto Schaeffer (UFRJ), Sérgio Barbosa Serra, Suzanna Kahn Ribeiro, Temístocles Marcelos, Thelma Krug, Ulisses Confalonieri (Fiocruz).

10. A avaliação do Greenpeace no Brasil, 2006

Em agosto de 2006 foi divulgado o estudo produzido pelo Greenpeace Brasil intitulado "Mudanças do clima. Mudanças de vidas. Como o aquecimento global já afeta o Brasil" (2006, 62 p.), coordenado por Carlos Ritti, com texto de Roberto Villar Belmonte. A mensagem do estudo também foi expressa em um vídeo disponibilizado por meio do seu *site*.

O estudo abordou os impactos regionais da mudança climática para a Amazônia, o Semiárido, a Zona Costeira e o Sul, incluindo observações sobre a agricultura, os recursos hídricos, as grandes cidades e a saúde, sinalizando com cenários futuros e um conjunto de soluções e demandas.

Esse estudo agitou o meio acadêmico, ambientalistas, políticos e mobilizou a mídia. Durante uns bons meses foi tema de inúmeras reportagens, bem como motivo de debates e discussões acaloradas nas mais variadas instâncias.

Cumpriu de forma louvável a sua missão de socializar aquelas informações de uma forma objetiva e simples sobre um tema tão complexo e abrangente.

Apresenta-se, a seguir, um resumo dos pontos principais desse estudo.

Segundo o estudo, a reação de qualquer sociedade à mudança global do clima é a decisão sobre a melhor combinação das únicas três atitudes possíveis:

Reações { Inação / Adaptação / Prevenção

A **inação** implica aceitar os danos previstos devidos à mudança do clima (deixar do jeito que está; fazer nada); a **adaptação** consiste em promover modificações que permitam diminuir as perdas, e a **prevenção** busca evitar, ainda que parcialmente, a mudança do clima (p. 2).

No relatório, especifica-se:

- o desmatamento na Amazônia é responsável por 2% da mudança do clima global;
- o Brasil é o quarto maior emissor de CO_2 do mundo;
- o desmatamento na Amazônia é responsável por 75% da contribuição do Brasil;
- as queimadas no Brasil emitem 200-300 milhões de toneladas de CO_2/ano (combustível fóssil não chega a 100);
- o desmatamento no mundo é responsável por 25% das emissões dos gases de efeito estufa;

> Considera-se que "fazemos muito pouco para reduzir de forma efetiva o desmatamento da maior floresta tropical do planeta, investimos pouco em fontes de energia renováveis ou na promoção de estudos de vulnerabilidade e planos de adaptação às mudanças climáticas" (p. 2). Ou seja, ainda temos a combinação mais preocupante da percepção humana sobre o problema.

Acentua-se:

No último século, a temperatura do planeta já subiu 0,7 °C e, nos próximos cem anos, o aumento pode chegar entre 1,4 °C e 5,8 °C, dependendo do que for feito para "descarbonizar" a atmosfera.

Precisamos atingir essas metas antes que o temível marco dos 2 °C de aquecimento se transforme em realidade.

Os cientistas acreditam que além desses 2 °C os cenários são catastróficos, com efeitos devastadores para várias regiões do globo.

No estudo, adverte-se:

O Brasil em vez de incentivar tanto o avanço do agronegócio, que vem destruindo de forma assustadora a Amazônia, deveria começar por adotar como prioridade nacional a conservação da maior floresta tropical do mundo...

O Brasil precisa da elaboração urgente de uma Política Nacional de Mudanças Climáticas; (isso foi feito).

Portanto, torna-se óbvio a necessidade absoluta de:

- reduzir desmatamento;
- investir em fontes de energia renováveis;
- promover estudos de vulnerabilidade e planos de adaptação às mudanças climáticas. (foi feito).

À página 6 salienta:

Temos pouco tempo e muito a fazer. Apenas com a conscientização de todos, governos, indústrias, cidadãos, conseguiremos vencer o que já se caracteriza como o maior desafio de nossa era.

As recentes secas severas na Amazônia, um furacão inédito no atlântico sul, estiagens e aumento de temperaturas no Sul e o avanço da desertificação no semiárido mostram que o País já é vítima das mudanças climáticas.

Para arrematar:

A situação do planeta é muito mais crítica do que se imaginava (p. 12).[1]

Novas evidências da perda de espécies em função de fatores climáticos surgem em todos os pontos do planeta (p. 14).

Convém enfatizar que essa constatação pode ser feita por qualquer pessoa viajando por qualquer lugar do mundo, simplesmente perguntado aos

---

[1] Essa frase foi repetida pelo IPCC um ano depois da divulgação do seu relatório de 2007.

moradores locais sobre o desaparecimento de bichos e plantas. É uma constatação objetiva, real, direta, e obstinadamente ignorada pelos céticos.

Segundo Canhos (2005), registra-se o desaparecimento recente de mais de 70 espécies de sapo arlequim nas Américas Central e do Sul, denotando que partes de ecossistemas e espécies podem ser extremamente vulneráveis às pequenas alterações climáticas.

Os sapos estão desaparecendo do planeta. *E eu com isso?*, perguntam os céticos. Ocorre que eles (o(a)s sap(a)s) estão aqui há milhões de anos antes das pessoas e agora se tornaram vulneráveis (o *homo sapiens* não?). Sem sapos, perde-se o controle de populações de insetos. E então...

> "Se a abelha desaparecer da superfície do planeta,
> então ao homem restariam apenas quatro anos de vida.
> Com o fim das abelhas, acaba a polinização, acabam as plantas,
> acabam os animais, acaba o homem."
>
> ALBERT EINSTEIN

Bill Hare, cientista do *Potsdam Institute for Climate Impact Research*, faz a seguinte advertência citada à página 14 do relatório (Hare, 2004):

"O risco de extinção em massa, de colapso dos ecossistemas, falta de alimentos, escassez de água e prejuízos econômicos, principalmente nos países em desenvolvimento, aumentam de maneira significativa".

Acentua-se a urgência de os países traçarem planos de adaptação para sobreviver em um mundo mais quente e com mais catástrofes climáticas.

A Rede Internacional de Ação pelo Clima (360 ONGs em 85 países) já é uma resposta adaptativa. Mas, considerando que o disparo foi efetuado em 1992, pode-se concluir que os avanços ainda são tímidos.

Rio 92 → Convenção da Mudança Climática → Protocolo de Kyoto

O estudo apresenta um conjunto de considerações para regiões e tópicos específicos do Brasil. Destacam-se:

10.1 Amazônia (p. 19)

O estudo considera que a Amazônia em pé é muito importante para o Brasil e para o clima da Terra, pois a floresta é um gigantesco reservatório de carbono.

Calcula-se que a biomassa armazenada na matéria orgânica do solo e na vegetação é de 100 a 120 bilhões de toneladas de carbono; (p. 22)

Segundo Carlos Nobre, do Instituto Nacional de Pesquisas Espaciais (Inpe), se, por hipótese, tudo isso fosse para a atmosfera, haveria um aumento de 15% a 17% na concentração global dos gases de efeito estufa.

E acrescenta:

"A floresta não perturbada pode estar absorvendo da atmosfera de 100 a 400 milhões de toneladas de carbono por ano. A Amazônia é ainda um surpreendente regulador atmosférico, e tem papel protagonista no estabelecimento do regime de precipitação de chuva em toda a América do Sul e até em outros continentes".

O pesquisador Paulo Artaxo, do Instituto de Física da Universidade de São Paulo (Artaxo, 2005, 2006) faz a seguinte advertência:

"O desmatamento da Amazônia pode reduzir a chuva em diversas regiões nos Estados Unidos e na Europa".

E afirma que as alterações no uso do solo induzidas pela indústria madeireira, pecuária e agricultura intensiva, promovem alterações na atmosfera amazônica que podem inverter o balanço de assimilação e liberação de carbono pela floresta, com consequências imprevisíveis para o bioma amazônico e o clima do planeta.

A savanização da floresta amazônica (transformação da floresta densa em vegetação semelhante a do cerrado, mais rala) é considerada como uma das consequências mais danosas do processo.

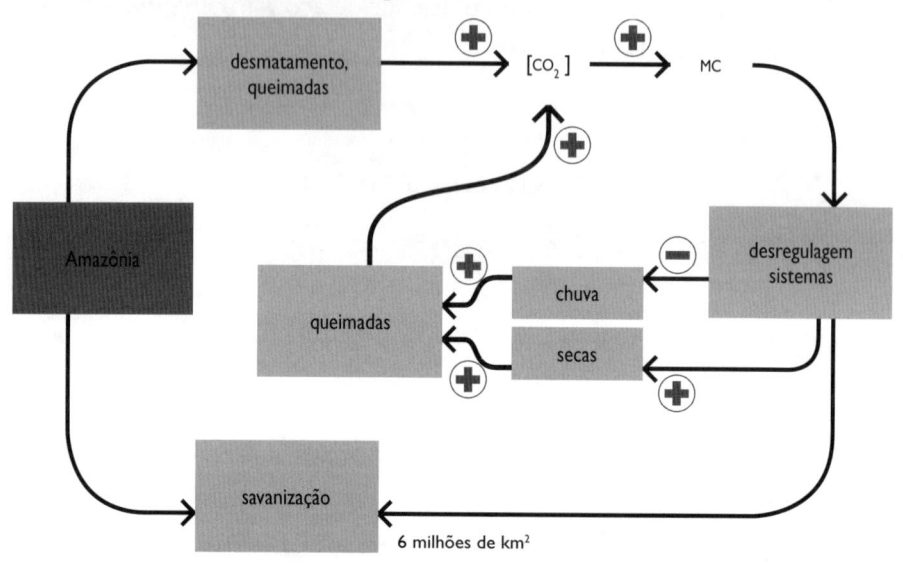

```
Amazônia → desmatamento, queimadas →(+) [CO₂] →(+) MC
                                    ↑(+)
         → queimadas ←(+) chuva ←(−) desregulagem sistemas
                    ←(+) secas ←(+)
         → savanização ←
           6 milhões de km²
```

MC: mudança climática

10.2 Semiárido

À página 24 os cientistas Marengo e Nobre (2005) fazem a seguinte advertência:

> O planeta mais quente pode acelerar o surgimento de desertos no Brasil, transformando as áreas semiáridas em zonas áridas. A caatinga pode virar um deserto, afetando milhões de pessoas. Ações urgentes são necessárias para estancar o processo de desertificação.

O semiárido brasileiro é o mais populoso do mundo, abrigando mais de 20 milhões de habitantes (abrange a maior parte dos estados do Nordeste, norte de Minas Gerais e norte do Espírito Santo, ocupando quase 1 milhão de km².

Historicamente aquelas populações são submetidas a condições sociais, econômicas, políticas e ecológicas desfavoráveis. Tal situação é agravada pelo processo de desertificação que já atinge 181 mil km². Obviamente a redução da disponibilidade de água nessa região poderá ser uma tragédia de natureza sistêmica indizível.

No relatório considera-se que as áreas mais vulneráveis concentram-se em partes do Ceará, Pernambuco, Paraíba, Rio Grande do Norte e extremo norte da Bahia.

A Paraíba é o estado brasileiro que possui o maior percentual de áreas com nível de desertificação muito grave (29%), afetando diretamente mais de 653 mil habitantes. (p. 28-29).

Entretanto, esse é um processo mundial. A degradação do solo combinado com a desertificação afeta 33% da superfície da Terra e atinge 2,6 bilhões de pessoas, com prejuízos de 42 bilhões de dólares/ano (perdas de vidas humanas, perda da dignidade, humilhação, migração, desemprego, miséria e fome, são "externalidades", "detalhes" demográficos, sem nenhuma expressão nos números apresentados nas análises de modelos de desenvolvimento).

10.3 Zona Costeira

No relatório, referem-se à Zona Costeira com as seguintes observações:

> Cenários climáticos mais quentes podem fazer da costa do Rio Grande do Sul até o sul do Rio de Janeiro, entre 2071 e 2100, uma região com condições favoráveis para o desenvolvimento de ciclones extratropicais; haverá necessidade de mudanças nos códigos de edificações, prevendo construções resistentes aos ciclones (Marengo e Nobre, 2005, p. 31.).

Esse é um desafio de grande complexidade. A academia não muda facilmente. Até isso chegar nas aulas das engenharias vai demorar. Seus processos evolucionários são irritantemente lentos. A Capes (comissão que avalia o ensino superior no Brasil), por sua vez, lubrifica essas engrenagens com areia grossa.

Em pleno século XXI ainda se constroem edificações muito próximas à linha de maré, nas margens de rios e encostas, sem falar na falta de aproveitamento da iluminação e ventilação naturais, reuso de água, energia solar e outros mimos da gestão ambiental contemporânea.

A engenharia civil – em sua maior parte –, continua projetando para um mundo que não existe mais. Estruturas que suportariam ventos e chuvas fortes do passado agora são desmanchadas como algodão doce na boca. Antes, 50 mm de chuva, em um dia, era considerada uma inundação catastrófica. Hoje, desabam em poucas horas torrentes de 240 mm/dia!

O mesmo ocorre em altas altitudes. Os ventos fortes e rápidos agora desafiam as aeronaves a serem mais robustas e eficientes. Muitas delas são jogadas como folhas em turbulências jamais experimentadas por pilotos veteranos.

Continuando:

- ◇ o nível médio do mar pode aumentar entre 30 cm e 80 cm nos próximos 50 a 80 anos; 40 cm/século, ou 4 mm/ano; variações do nível relativo do mar podem ocorrer também por causa da expansão térmica [...] de até 20 cm de água;

- ◇ calçadões, casas e bares construídos à beira mar poderão ser destruídos pelas ondas ou pelo aumento de até quase meio metro do nível médio do mar. [...].

Para corroborar, reproduzimos imagens do que vem acontecendo no litoral de Sergipe, nas praias de Abaís e do Saco.

A zona costeira do Brasil abriga 42 milhões de pessoas. Nas cinco principais metrópoles à beira-mar – Fortaleza, Recife, Salvador, Rio de Janeiro e Belém – residem mais de 24 milhões de viventes. Ignorar uma advertência dessas deve ser classificado como crime regado à ignorância e irresponsabilidade.

Sistemas de esgoto mal planejados e precários no nível do mar ou um pouco abaixo vão correr ao contrário e poderão entrar em colapso, com prejuízos materiais e sociais incalculáveis (p. 32).

Imaginar as consequências desse evento pode ser um exercício cujo espectro se estende do insólito ao bizarro.

10.4   Região Sul (p. 34)

O furacão Katrina destruiu 70% de Nova Orleans, nos Estados Unidos. O mundo acompanhou o drama de pessoas que foram deixadas sem atendimento por vários dias e viram suas casas serem apagadas da paisagem em alguns minutos por ondas e ventos fulminantes.

Foto 17. Calçadão, Praia de Abaís, SE, dezembro de 2011.

Foto 18. Escadarias, Praia de Abaís, SE, dezembro de 2011.

Foto 19. Calçadão II, Praia de Abaís, SE, dezembro de 2011.

Foto 20. Contenções. Praia de Abaís, SE, dezembro de 2011.

Foto 21. Contenções. Praia do Saco, SE, dezembro de 2011.

FOTOS DO ARQUIVO PESSOAL DO AUTOR

As obras de contenção que foram recomendadas não foram feitas. Não acreditaram nas advertências dos cientistas e se basearam mais no aconselhamento econômico e nos palpites dos marqueteiros eleitorais.

Em março de 2004, parte da costa norte do Rio Grande do Sul recebeu a ilustre visita do furacão Catarina, inscrevendo definitivamente o Brasil no rol dos atingidos pela fúria dos novos ventos.

Em agosto do mesmo ano, um "ciclone extratropical" trouxe ventos de 200 km/h (os desabrigados não acharam a menor graça no embate que se travou entre climatólogos e meteorologistas acadêmico-televisivos sobre o nome certo do evento).

A partir daí, o Sul e Sudeste do Brasil têm sido visitados por eventos meteorológicos extremos com frequências e intensidades crescentes.

Mas essa pedra já houvera sido cantada. Segundo estudos do Laboratório de Tempestades Severas da Administração de Oceanos e Atmosfera (NOAA), dos Estados Unidos, parte da região Sudeste e principalmente a região Sul do Brasil são a segunda região do planeta mais propícia à formação de tornados nos novos cenários climáticos (Brooks; Lee; Craven, 2003, p. 36).

Na sequência da saga, em 2006, o Estado do Paraná enfrentou uma das maiores estiagens de sua história.

Em março, o prejuízo no campo por causa da seca já estava em R$ 1,57 bilhão devido à quebra das safras de soja, milho, trigo e feijão. O rio Iguaçu apresentou a menor vazão de suas águas dos últimos 75 anos; em julho de 2006, segundo a Companhia Paranaense de Energia, as sempre caudalosas Cataratas do Iguaçu, um dos principais cartões-postais do Brasil, minguaram, com um volume de 13% da vazão normal. De acordo com a Hidrelétrica de Itaipu, esse é o pior índice desde que o volume das cataratas começou a ser medido.

A partir de 2011 aquela região passou a registrar o mau humor climático de modo mais intenso e extremo, ao ponto de se registrar, no mesmo estado, de forma simultânea, áreas com inundações e outras com secas.

Eventos extremos, estiagens severas, noites mais quentes e o aumento na frequência e na intensidade das pancadas de chuva **podem ser apenas a ponta de um iceberg de mudanças climáticas que ainda estão por vir.**

Outrossim, o desmatamento da Amazônia também está influenciando as alterações climáticas no Sul (os modelos demonstram que a maior parte do vapor d'água que chega à região vem das áreas amazônicas).[2]

10.5 Recursos hídricos (p. 42)

Um relatório do Centro Hadley, do Reino Unido, indica que, ainda neste século, a vazão dos rios da bacia Amazônica poderá ser reduzida entre 20% e 50%. Na bacia do Paraná-Prata, a redução poderá atingir 50% (UK MET Office, 2005).

A geração de energia hidrelétrica também pode ser afetada, pois estiagens mais rotineiras tendem a reduzir os reservatórios e aumentar o risco de "apagões", [...] e ainda resultam em grandes emissões de metano.

Belo imbróglio.

10.6 Grandes cidades (p. 44)

O relatório aborda a necessidade de se implantar elementos de gestão ambiental urbana como estratégia fundamental para a redução de emissões.

Cita que a cidade de São Paulo lança anualmente cerca de 16 milhões de toneladas de gases estufa na atmosfera, de acordo com o Inventário de Emissões de Gases de Efeito Estufa do Município de São Paulo, publicado em 2005.

Nomeia o incentivo ao transporte coletivo como forma de reduzir a queima de combustíveis fósseis que responde por 22% das emissões (40% dos quais relativos ao transporte).

E recomenda o uso de energias complementares e a adoção de processos industriais mais limpos.

Na atualidade, esse quadro se complicou devido ao aumento vertiginoso da frota de veículos.

---

2 Há uma retroalimentação (feedback) curiosa nesse ponto. A maior parte dos desmatamentos operados na Amazônia é feita por empresários do Sul e Sudeste brasileiro.

10.7 Saúde (p. 46)

Alguns pontos do relatório:

Os processos biológicos serão acelerados pelo aumento da temperatura média da atmosfera (um mosquito vetor, por exemplo, pode reduzir o seu ciclo de vida de 15 para 12 dias, aumentando rapidamente a sua população).

Moléstias como a leishmaniose, a meningite, a hantavirose, as diarreias infecciosas e a leptospirose, sensíveis ao clima, podem ter as suas ocorrências aumentadas.

Pelo mapa da vulnerabilidade, a região Nordeste será a mais afetada pelo aquecimento global [...]. Alagoas é o Estado mais vulnerável porque sofre com mais eventos extremos de precipitação, ostenta alta densidade demográfica, a mais alta taxa de pobreza e uma das menores taxas de serviços de saneamento.

No diagrama adaptado é sistematizado esses contextos.

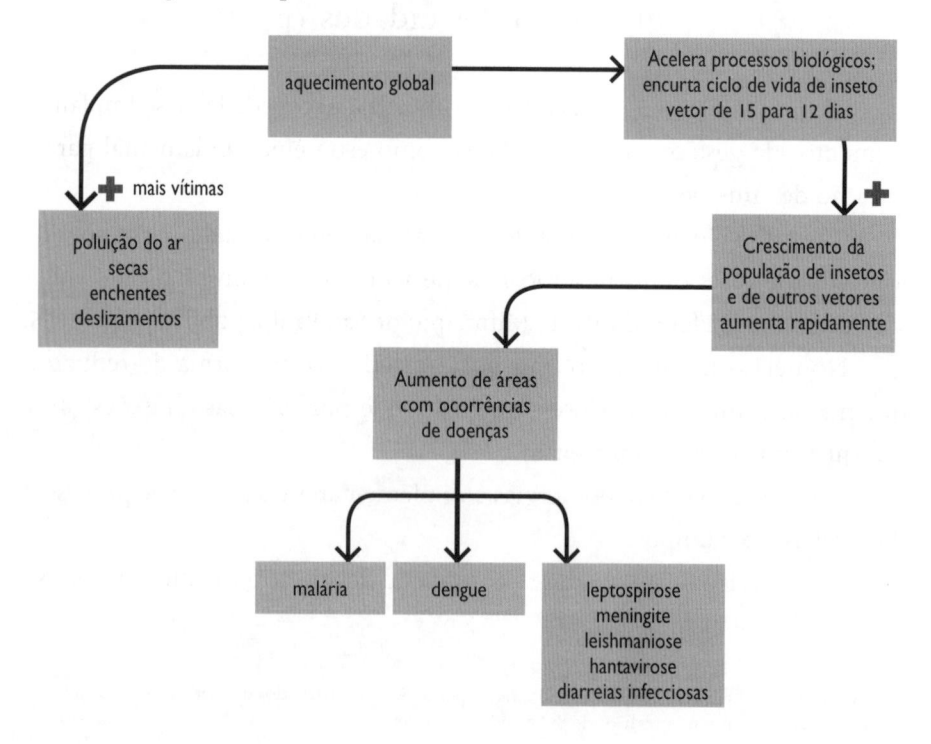

```
                    aquecimento global ─────────────► Acelera processos biológicos;
         ┌──────────┘                                 encurta ciclo de vida de inseto
         │                                            vetor de 15 para 12 dias
         │ + mais vítimas                                       │ +
         ▼                                                      ▼
    poluição do ar                                      Crescimento da
       secas                                            população de insetos
       enchentes                                        e de outros vetores
       deslizamentos                                    aumenta rapidamente
                                                              │
                                    ┌─────────────────────────┘
                                    ▼
                            Aumento de áreas
                            com ocorrências
                              de doenças
                      ┌─────────┼─────────┐
                      ▼         ▼         ▼
                   malária    dengue   leptospirose
                                       meningite
                                       leishmaniose
                                       hantavirose
                                       diarreias infecciosas
```

10.8 Cenários (p. 50)

Selecionamos:

[...] A humanidade terá que adotar novos padrões de consumo e produção para evitar que o aquecimento global chegue à marca dos 2 °C. Se isso acontecer, as condições de habitabilidade do planeta estarão comprometidas.

É muito provável, de acordo com os estudos do IPCC, que haja um aumento dos dias quentes e das ondas de calor em quase toda a superfície terrestre.

Ultrapassado o limite de 2 °C, é consenso científico que o sistema climático poderá entrar em colapso, com consequências para toda a vida na terra.

Como se vê, "adotar novos padrões de consumo" vem sendo apregoado há muito tempo. Como fazer isso é o grande desafio. O consumismo se transformou em uma estrutura cultural visceral (será tratado no item 13.3).

Com o crescimento de países gordinhos em população como China e Índia, e com surtos de consumismo por novas potências econômicas como o Brasil, é difícil até mesmo identificar formas de novos padrões de consumo.

10.9 Soluções e demandas (p. 56)

O relatório aponta que se deve garantir que:

◊ a expansão do álcool e do biodiesel se dê pela recuperação de áreas degradadas;

◊ o aumento médio da temperatura permaneça abaixo de 2 °C, o que poderá ser obtido se as concentrações de CO_2 não ultrapassarem os 400 ppm;

◊ a expansão da agricultura deve ocorrer através da recuperação de áreas já desmatadas e não sobre os biomas ameaçados;

⋄ se devam produzir informações sobre as causas e as consequências do aquecimento global e divulgá-las por meio de formadores de opinião, ações de educação ambiental e meios de comunicação.

À página 58 frisa-se como urgente:

{ Mapa de Vulnerabilidade e Riscos às Mudanças Climáticas.
Plano Nacional de Adaptação.
Plano Nacional de Mitigação.

Como se viu, os avisos, recomendações, advertências, chamamentos, apelos etc. foram objetivamente expressos, como aliás tem sido feito sistematicamente desde 1972, em Estocolmo.

11. A avaliação ecossistêmica do milênio, 2005

A Avaliação Ecossistêmica do Milênio (AM)[1] foi outro estudo internacional que ocupou muito espaço na mídia, causou rebolíço no meio acadêmico e depois caiu no esquecimento.

A AM foi solicitada pelo então secretário-geral das Nações Unidas, Kofi Anan, em 2000, e coordenada pelo PNUMA (Programa das Nações Unidas para o Meio Ambiente), dirigida por um conselho composto de múltiplos grupos de interesse, que incluiu representantes de instituições internacionais, governos, empresas, ONGs e povos nativos.

A avaliação foi conduzida entre 2001 e 2005, envolvendo 1.360 **especialistas de 95 países**, de instituições científicas das mais credenciadas, em todo o mundo, utilizando-se dos modelos e instrumentais científicos mais avançados.

O objetivo foi "avaliar as consequências das mudanças nos ecossistemas sobre o bem-estar humano, e estabelecer uma base científica que fundamentasse as ações necessárias para assegurar conservação e uso sustentável dos ecossistemas".

O estudo teve seu foco nas **ligações entre os ecossistemas e o bem-estar humano** e, em particular, **nos serviços ecossistêmicos.**

Serviços ecossistêmicos são benefícios que as pessoas obtêm dos ecossistemas assim classificados:

- serviços de provisão (alimentos, ar, água, madeira, fibras);
- serviços reguladores (que regulam os climas, inundações, doenças, resíduos e a qualidade da água);

---

[1] O relatório completo foi disponibilizado em: <http//:www.millenniumassessment.org>

- serviços culturais (benefícios recreacionais, estéticos e espirituais);
- serviços de suporte (formação do solo, fotossíntese, ciclagem de nutrientes).

A espécie humana, embora "protegida" de mudanças ambientais pela cultura e pela tecnologia, depende fundamentalmente do funcionamento do fluxo desses serviços prestados pelos ecossistemas.

Entende-se que o bem-estar humano seja constituído de múltiplos elementos, destacando-se: alimentos, moradia, vestuário, acesso a bens, saúde, ambiente físico salutar (ar puro, acesso à água potável), boas relações sociais (coesão social, respeito mútuo, capacidade de ajudar), segurança, proteção contra desastres naturais, liberdade de escolha e de ação, educação, igualdade, trabalho e justiça.

Para atender a isso é necessário que os serviços ecossistêmicos estejam funcionando plenamente. Entretanto, a espécie humana tem se comportado como se não dependesse totalmente desses serviços. Tal percepção foi demonstrada nos resultados da AM, entre os quais destacam-se:

Resultado 1:

Nos últimos 50 anos o ser humano modificou a estrutura e o funcionamento dos ecossistemas planetários mais rápida e extensivamente que em qualquer intervalo de tempo equivalente da história da humanidade.

Isso foi feito para suprir rapidamente a demanda crescente por alimentos, água potável, madeira, fibras e alimentos. Essa transformação contribuiu para o bem-estar humano e o seu desenvolvimento econômico, porém, nem todas as regiões e populações foram beneficiadas.

Os prejuízos associados a esses "ganhos" só agora estão se tornando perceptíveis:

- houve uma perda substancial e, em grande medida, irreversível, para a biodiversidade do planeta;
- na maioria das espécies, o tamanho da população ou a variedade, ou ambos, estão em declínio;
- a distribuição das espécies no planeta está se tornando mais homogênea;

- 20% dos recifes de corais e 35% dos manguezais do mundo foram perdidos;
- a diversidade genética diminuiu mundialmente, principalmente entre espécies cultivadas.

A perda de espécies e de diversidade genética diminui a resiliência dos ecossistemas, que é o nível de distúrbio que um ecossistema pode suportar sem precisar ultrapassar um ponto-limite para outra estrutura de funcionamento.

Exploração predatória, desmatamentos, mudanças climáticas, espécies invasoras e excesso de nutrientes (fertilizantes) forçam os ecossistemas a extrapolar limites e mudar.

- os sistemas cultivados cobrem ¼ (25%) da superfície terrestre do planeta;
- o volume de água retida em barragens é de três a seis vezes maior do que em rios naturais;
- entre 1960 e 2000 a pressão de demanda sobre os recursos naturais cresceu consideravelmente: a população mundial duplicou para 6 bilhões de habitantes, a economia global cresceu seis vezes, a produção de alimentos aumentou 2,5 vezes, o uso de água duplicou e a exploração de madeira triplicou (p. 21).

Resultado 2:

Três grandes problemas vêm causando danos às populações (especialmente às mais pobres), e, a menos que sejam tratados, reduzirão substancialmente os benefícios em longo prazo que obtemos dos ecossistemas:

- Cerca de 60% dos serviços ecossistêmicos têm sido degradados ou utilizados de forma não sustentável (15 entre 24). Essas intervenções ou **transferem os custos da degradação de um grupo de pessoas para outro** ou **repassam os custos para a geração futura.**
- **As mudanças em curso nos ecossistemas** têm feito crescer a probabilidade de mudanças não lineares que **afetarão o bem-estar humano.** São exemplos as mudanças abruptas na qualidade da água, o surgimento de

doenças, o aparecimento de zonas mortas em águas costeiras, o colapso da pesca e alterações nos climas regionais.

As mudanças nos ecossistemas normalmente ocorrem de forma gradual. Porém, algumas mudanças não são lineares. Quando um determinado limite é ultrapassado, o sistema se modifica para neutralizar aquela perturbação e se conforma em um estado diferente. Embora a Ciência seja capaz de alertar para os riscos crescentes, ela ainda não é capaz de prever os pontos-limite em que as mudanças podem ser detectadas.

- **Os efeitos** da degradação dos serviços ecossistêmicos **têm recaído de forma desproporcional sobre as populações mais pobres,** o que tem contribuído para o aumento das desigualdades e disparidades entre diferentes grupos da população, sendo às vezes o principal fator gerador de pobreza e conflitos sociais.

Os indivíduos que sofrem os danos dessas mudanças e os que colhem os benefícios não são os mesmos.

A AM considera que o desafio de reverter a degradação dos ecossistemas enquanto se supre demandas crescentes pode ser parcialmente vencido sob alguns cenários, mas isso envolve mudanças:

- políticas;
- institucionais;
- práticas.

Essas mudanças **não estão em andamento.**

O consumo dos serviços dos ecossistemas continuará a crescer em consequência de um PIB global provavelmente três a seis vezes até 2050 (p. 10), mesmo esperando-se queda e nivelamento do crescimento populacional do planeta na metade do século.

Muito dos vetores diretos de mudanças nos ecossistemas não diminuirão na primeira metade do século, e dois vetores – mudanças climáticas e carga excessiva de nutrientes – **se tornarão mais severos.**

Passado o tempo, pode-se constatar que as principais temeridades desse relatório já se tornaram realidades indesejáveis. As advertências, apelos dramáticos e as manifestações que ocorreram em todo o mundo quando do seu lançamento, resultaram em nada!

Mais um documento histórico que vai, em um futuro próximo, indignar as gerações que o vão manusear, à luz de velas em ambientes sombrios, deixando-lhes perplexos diante da nossa teimosia ou pouca inteligência. Ou, quem sabe, orgulhosos dos seus antepassados por terem mudado o rumo das coisas.

> "Nós ainda temos o oráculo grego em nosso subconsciente societal. Nós achamos que o futuro acontece conosco em vez de ser criado por nós, que é para ser previsto, não escolhido".
>
> DONELLA H. MEADOWS, 1994

A maior parte do enfrentamento desses desafios vai depender da saúde da governança internacional, nacional e local. Vamos examinar isso, a seguir.

12. Governança

Mas o que é governança? De forma aproximada, entende-se como a capacidade da sociedade determinar seu destino mediante um conjunto de condições (normas, acesso à informação e à participação, regras para a tomada de decisão) que permitem à coletividade (cidadãos e sociedade civil organizada) a gestão democrática dos rumos do Estado e da sociedade.

(Não se pretende aqui se alongar nas conceituações; sugiro aprofundamentos nos textos do Prof. Dr. Eduardo Viola, do Curso de Relações Internacionais da UnB. O artigo "Governança e segurança climática na América do Sul", de 2008, é um achado.)

12.1 Elementos da governança ambiental internacional

É hora de uma governança global? Essa foi a pergunta formulada por Pedro Dória, em artigo no jornal *Estado de S. Paulo* (Dória, 2008), no qual nos dizia que os maiores problemas não são nacionais. Eventos, como ameaça de colapso financeiro, aquecimento global, tráfico, pirataria, crimes cibernéticos e flutuação nos preços dos alimentos vindos de especulação e outros, são transnacionais. E nenhum governo sozinho tem o poder de resolver esses problemas.

Diante dessa complexidade, nas próximas décadas será necessário um novo tipo de governo. "Vivemos no século XXI mas temos uma estrutura mundial idealizada no século XVIII", acentua. "Não temos um governo mundial que tenha o poder de determinar o corte de emissão de carbono, por exemplo".

Acredita que nenhum governo quer ser o primeiro a fazer isso, pois irá parar de crescer. "O modelo de Estado-nação sozinho não resolve mais", enfatiza.

A provocação de Dória reflete a inquietação mundial em torno da capacidade da sociedade humana em se adaptar à mudança do clima, em face de sua reconhecida deficiência de governanças (social, política, ambiental e econômica).

Nas duas últimas décadas as falhas de governança expuseram fragilidades perigosas para a sociedade humana, decorrentes das relações sociedade-ambiente.

Organismos internacionais como ONU, PNUMA, OMM, WWF, IUCN, WRI, Greenpeace, IPCC, entre outros, passaram a emitir alertas contínuos da degradação da qualidade de vida em todo o planeta.

Registraram-se perda crescente da biodiversidade e de bens e serviços ambientais, bem como o agravamento dos eventos climáticos extremos, a crescente degradação de terras, solos e recursos de água e a poluição (química, da atmosfera e sonora).

Percebe-se que a presente governança ambiental que se precisa para enfrentar tais desafios está configurada em um nível de eficiência muito abaixo do crítico.

Na atualidade, existem mais de 550 acordos ambientais multilaterais. Porém, a capacidade e vontade política dos governos em implantá-los apresentam-se cada vez mais distantes do mínimo necessário.

Estamos no limiar de meio século de tentativas (desde a Conferência de Estocolmo, 1972) e não se vê ainda alterações significativas na rota de colisão com a insustentabilidade.

Os problemas, cenários e desafios já estão identificados, mas parece que a magnitude e complexidade sistêmica desse contexto, cimentada por interesses corporativos, ultrapassam a capacidade de resposta das instituições atuais.

Muito dessa incapacidade se atribui à fragmentação da governança ambiental. Apenas dentro da ONU existem 22 organizações que tratam da dimensão ambiental e suas ações são pouco visíveis. Os 550 acordos que gravitam pelo mundo não dispõem de metas claras e nem de financiamentos visíveis e factíveis.

No nível internacional as instituições que cuidam da temática ambiental estão pulverizadas: FAO, Unesco, OMM, PNUMA, PNUD, Programa Mundial de Alimentação, Comissão de Desenvolvimento Sustentável (CDS), comissões econômicas e sociais da ONU, OMC, Fundo Global para o Meio Ambiente (GEF), Grupo de Gestão Ambiental (EMG) são alguns exemplos. Por estarem localizadas em pontos distantes como Washington, Nairobi, Paris e Genebra, por exemplo, perde-se a possibilidade de convergências e sinergia, e se aumentam as dificuldades de coordenação, agravado pelas diferenças de percepções e objetivos das instituições.

Como resultados dessa fragmentação surgem naturalmente as dificuldades de comunicação, os desacordos, os desencontros, as sobreposições e as brechas infinitas à inoperância – a alto custo, diga-se.

Outro componente constrangedor para a implantação dos acordos multilaterais é a grande dificuldade apresentada por países em desenvolvimento em acompanhar o ritmo frenético das negociações. Muitos não dispõem de capacidade para atender às altas exigências dos relatórios de implantação dos acordos, e muito menos para atender os 275 dias de reuniões anuais espalhadas pelo mundo. Com isso, naturalmente os países mais ricos terminam centralizando as negociações.

Muitas tentativas foram feitas para se evitar isso, no âmbito das COPs (Copenhague, Cancun, África do Sul, Seul etc.), ou por meio de encontros específicos sobre o tema como a "Reunião Ministerial sobre o Meio Ambiente e Desenvolvimento Sustentável: Desafios para a Governança Internacional", promovida no Rio de Janeiro nos dias 3 e 4 de setembro de 2007.

Por esse motivo tem sido recorrente a citação da necessidade de transferência de tecnologia, criação de fundos, oportunização de formação/capacitação para se promover participações mais efetivas, como forma de melhorar a governança ambiental global.

Outra tentativa de energizar as negociações foi a reunião de 46 países em Paris para uma proposta conjunta de transformar o PNUMA – um Programa da ONU (onde 95% do financiamento é voluntário e muitas vezes inferior ao orçamento de algumas ONGs internacionais) em agência especializada da ONU – Criação de Organização da ONU para o Meio Ambiente ou Organização da ONU para o Desenvolvimento Sustentável.

Oxalá que, ao chegar às suas mãos este livro, isso já tenha acontecido. Caso não, ter-se-á confirmado a opção pelo sufoco como forma de apressar a evolução (à custa de sofrimento de inocentes e de endividamento cármico).

De qualquer maneira, reconhece-se que alguns avanços foram efetivados no campo da governança ambiental internacional. Contudo, a grande dúvida é saber se a velocidade das negociações e a celeridade das implantações serão suficientes para responder aos desafios da sustentabilidade, a tempo.

12.2 Elementos da governança nacional

Em janeiro de 2011 o mundo acompanhou a tragédia dos deslizamentos de terra e soterramento de ruas inteiras no Estado do Rio de Janeiro, na região serrana de Petrópolis.

Passados alguns meses, o Poder Público Federal dotou as prefeituras das cidades afetadas dos recursos necessários para as obras de recuperação e adaptação aos eventos climáticos extremos, agora já mais frequentes na área.

Um ano depois, as notícias mais costumeiras eram relacionadas a desvios daqueles recursos públicos. Obras, nenhuma.

Tecnologia se tem. Dinheiro também. Faltam homens e mulheres probas na gestão pública.

A sociedade acompanha perplexa, desesperançada e indignada, o desfile de caras de pau que encobrem as algemas e negam o inegável, e em pouco tempo estão livres, aptos a usufruir dos produtos do roubo.

Consolidou-se no Brasil a imagem da justiça lenta, cartorial, pertencente aos ricos e aos políticos.

As leis e suas dinâmicas estão obsoletas, ultrapassadas. Não respondem mais aos desafios da sociedade presente, pois foram formuladas em contextos históricos distantes e perpetuam rituais inadequados às demandas do tempo presente.

Essas inadequações produzem brechas incontáveis. Assim, ladrões cinicamente calados durante audiências, criminosos confessos, são soltos por liminares construídas a custos milionários bancados com o próprio dinheiro público roubado; quando sentenciados, não cumprem as penas; quando presos, têm privilégios ou acabam tendo a fuga facilitada e vão gozar no exterior o luxo e a opulência bancada pelos "otários" que trabalham e pagam impostos honestamente.

Impera um sentimento de impunidade, que gera revolta. Diante de tantos escândalos sucessivos e impunidades confirmadas, as pessoas, cansadas, adormecem. Afinal, juízes que vendem sentenças, parlamentos empenhados em elaborar leis que favorecem a corrupção, protegem ladrões e objetivam cercear o trabalho da Polícia Federal e do Ministério Público, não são coisas que as pessoas comuns sintam que possam mudar.

Há uma aceitação tácita de que é assim mesmo, de não tem jeito. Então, anestesiados pelo massacre das notícias, as pessoas veem na próxima eleição a possibilidade do surgimento de novos nomes, nova esperança, que logo se despedaça no primeiro escândalo de corrupção envolvendo aquele candidato em cujo discurso acreditou.

Nesse contexto de descrenças, bancado pelo poder anarquizador da corrupção, as pessoas assistem a honestos e dedicados auditores, fiscais, promotores, juízes, policiais e outras autoridades sendo perseguidas e/ou assassinadas. Mesmo assim, ainda testemunhamos iniciativas louváveis, a exemplo do acordo entre a Advocacia Geral da União (AGU) e o Tribunal Superior Eleitoral (TSE) para cobrar de prefeitos cassados ressarcimento de despesas com novas eleições.[1]

Porém, nesse grande cenário dominado pelos corruptos, nenhum outro poder constituído detém o descrédito maior do que o Legislativo (em qualquer esfera: federal, estadual e municipal).

Políticos profissionais "trabalham" a maior parte do seu tempo para viabilizar seus "projetos" econômicos pessoais ou de amigos/grupos que o ajudaram a se eleger.

Eleitores são apenas meios para se atingir os fins: apoderar-se de dinheiro público. São raros os deputados e vereadores que pensam diferentes. E, quando o fazem, são cerceados.

Não há planos de Estado. Há na verdade planos de partidos, projetos de grupos corporativos que utilizam a vaidade de algumas estrelas analfabetas funcionais, porém campeãs de votos, para elegê-las com seu financiamento

---

[1] A Advocacia-Geral da União ajuizou ações de ressarcimento contra prefeitos cassados desde 2004. Para isso, os advogados da União analisaram 211 ações que tiveram as decisões definitivas expedidas, enviadas pelo Tribunal Superior Eleitoral. A AGU considera que os casos são imprescritíveis por se tratar de ação de reparação aos cofres públicos causados por ato ilícito. Por isso, os prefeitos cassados antes de 2004 também estão sujeitos a terem que pagar os custos de novas eleições. O objetivo é garantir que, depois de sair do cargo, o ex-agente público arque com as despesas que o Estado teve com a nova votação que teve que ser convocada no município. Bom demais!

e depois cobrar a conta em forma de contratos milionários conseguidos ilegalmente na máquina estatal.[2]

Tudo um grande engodo sustentado pelo suor da pessoa que acorda cedo, trabalha feito um louco e deixa quatro meses do ano de seu salário para pagar impostos e alimentar esses parasitas que, de forma cínica, ainda ostentam seus carrões e mansões, esfregando-os na cara do eleitor otário.

De pessoas com essa mente primitiva, que teriam a missão confiada de tecer leis e políticas públicas para o bem de todos, e fazem o que fazem, não há de se esperar qualquer momento mágico de lucidez, capaz de promover a governança ambiental a níveis efetivos. Predomina a **eucracia**, o autocentrismo, o resto que se dane.

O personagem João Plenário do programa humorístico *A praça é nossa*, apresentado por Carlos Alberto de Nóbrega no SBT, retrata bem essa situação. Trata-se de um deputado federal que narra as suas falcatruas sem o menor constrangimento, e sempre se dá bem.

Chico Anysio (1932-2012) com o seu personagem Justus Veríssimo também focalizava o político corrupto. O seu bordão "eu quero é que o povo se exploda" nunca esteve tão atual. O humorista fazia também um prefeito corrupto no programa *Chico City*.

O corolário da corrupção já se inicia nas prefeituras. Pessoas pobres se elegem e em pouco tempo desfilam de camionetes importadas e ostentam casas luxuosas (não só para eles, mas para os pais, os irmãos, as amantes etc.). Vereadores votam projetos depois de receberem propinas. As pessoas do local ficam caladas. Têm medo das represálias que certamente viriam. E ainda têm que aguentar o nome da mãe, do pai e dos próprios corruptos, em placas dando nomes a ruas, escolas, praças esportivas, pontes, viadutos e outros equipamentos públicos.[3]

Diante desse contexto, como acreditar que recursos destinados a enfrentar os desafios da mudança climática, da degradação ambiental e quitais possam ser realmente aplicados onde devem? Só um exercício de suspensão voluntária da credibilidade poderia permitir isso.

---

[2] O(a) leitor(a) também deve se perguntar: por que tanto interesse dos partidos em "comandar" ministérios? Afinal, seria apenas para prestar bons serviços à nação. É intrigante ver a disputa ferrenha para decidir quem vai trabalhar para o povo. Chega a ser comovente tamanho empenho!

[3] Caro leitor, imagino que você esteja "rindo", pois identificou uma situação igual em sua cidade!

A maior parte da classe política não tem preparo intelectual (nem ético) para ocupar o cargo que ostenta, pois para esta parte falta visão sistêmica e capacidade de planejamento e análise prospectiva. Enxerga apenas quatro anos, o prazo do mandato.

A maior parte das bancadas é formada por ignorantes, sem qualquer formação técnica e/ou acadêmica mínima que permita interpretar um texto, escrever um discurso, redigir um projeto ou dar uma entrevista compreensível. Não se trata de exigir doutores, mestres, bacharéis, e nem achar que essas qualificações resolvem os problemas. Mas, pelo menos, espera-se pessoas que não sejam analfabetas funcionais, que consigam minimamente articular de forma primitiva as suas ideias; que possua a capacidade ínfima de operar uma leitura crítica da sua sociedade, seus cenários e necessidades prementes.

A sujeira da prática política atraiu mais sujos e terminou desencorajando e afastando as pessoas sérias. Deixaram-se as atividades políticas para os sujos, para os que não se envergonham de serem chamados de ladrões, corruptos, e de terem os seus nomes achincalhados publicamente, com suas imagens com mãos algemadas repetidas nos lares do País. Nada disso os demovem, pois logo serão soltos e estarão usufruindo dos recursos públicos desviados.

É hora dos homens e mulheres verdadeiros retornarem à política e engrossar a reduzida fileira dos políticos honestos que conseguiram resistir ao cerco e ali aguardam a chegada de reforço.

Vamos precisar dessa renovação para oxigenar a nossa capacidade de resposta, de gestão intuitiva, proativa, conectada com as realidades e premências.

A capacidade de planejamento na gestão pública será colocada à prova cada vez mais intensamente pelos cenários que já se realizam, a exemplo dos catastróficos fenômenos meteorológicos extremos.

Temos uma tradição maldita de sermos atrapalhados na administração (é comum vermos uma pista ser pavimentada, asfaltada, sinalizada e depois de tudo pronto vem alguém e arrebenta a obra para passar um cano), e agora não queremos mais isso.

Outro componente constrangedor da efetividade da governança ambiental é a baixa qualidade da educação. Professores mal qualificados, mal remunerados, escolas públicas sucateadas, verbas desviadas e programas escolares obsoletos formam uma amálgama que descredencia o processo educacional como agente potencial de transformação.

Na forma como se encontra, em sua maior parte, tudo não passa de uma grande enganação. Conteúdos repetidos há décadas preparando jovens para um mundo que não mais existe. A máfia dos livros didáticos mandando nos programas, subvertendo objetivos e invertendo valores.

As universidades, por sua vez, em sua maioria apenas preocupada com o seu umbigo (as públicas, com a neurose da Capes e seu obsoletismo engessador nauseante; as faculdades privadas, com o recebimento das mensalidades), desconectadas das suas realidades socioambientais, desfilam em uma passarela estreita ladeada pelo conservadorismo acadêmico e pelo mosaico dos lucros.

Em outras palavras, **não temos o aparato técnico disponível, ético e moral para enfrentarmos os desafios da mudança climática sem grandes sacrifícios e sofrimentos coletivos extensos e profundos, principalmente das comunidades pobres** (já em andamento; veja noticiário nacional).

Acontece que um país que tem mais de 70% da sua matriz energética dependente do clima (hidrelétricas), e que tem a sua economia baseada no primitivismo da exportação de produtos primários (também dependentes do clima), não pode se dar ao luxo de não ser eficiente na execução de sua política de mudança do clima, sob pena de prejuízos insondáveis em todos os setores da vida social, agravando o que já não é bom.

> "O Brasil só exportava matéria-prima
> Essa tisana
> Isto é o mais baixo grau da capacidade humana."
>
> TOM ZÉ, CD *Imprensa Cantada*, 2003

Assim, torna-se imperativo no Brasil promover o diálogo sobre governança ambiental (internacional, nacional, regional e local) entre instituições acadêmicas,[4] sociedade civil e governo, com vistas à implantação dos acordos

---

4 Registre-se e louve-se o excelente trabalho pioneiro dos professores doutores Luis Carlos Bessa, Renata Marson e Sueli Farias, com linhas de pesquisa dedicadas à governança ambiental no Programa de Mestrado em Planejamento e Gestão Ambiental da Universidade Católica de Brasília, até o ano de 2008.

ambientais multilaterais e os seus processos de mitigação e adaptação para o enfrentamento dos desafios da mudança climática global já em curso.[5]

Os corredores da governança nacional ainda abrigam outros constrangimentos convenientemente escamoteados. Com a sentença "recomendável aos interessados em ampliar um olhar sobre a segurança hemisférica", o consagrado professor Argemiro Procópio (UnB) explodiu o seu livro *Subdesenvolvimento sustentável*" (2007) no saguão das negociatas ambientais.

Ele critica a exploração predatória dos cerrados amazônicos e os riscos de segurança alimentar; aborda a questão da segurança ambiental e o complexo agropecuário (não esquece o comércio internacional de couros); discorre sobre a segurança energética e os limites da sustentabilidade, e completa com a segurança humana, a economia dos ilícitos, segurança nacional e sustentabilidade do subdesenvolvimento amazônico continental.

Ao final, acentua que o contexto de destruição ambiental e social instalado, o famigerado jeitinho brasileiro e as bases da governabilidade dependente da economia de exportação de produtos, sem valor agregado – uma tisana como diz Tom Zé –, "correm o risco de serem banidos não pela democracia, mas por monstros criados para combater monstruosidades" (p. 321) e conclui com Nietzsche (1967).

Para completar esse exame, Jacques Attali[6] no seu livro *Uma breve visão do futuro* (2008), em capítulo dedicado ao Brasil, mordendo e assoprando, destila: "O Brasil nunca conseguiu formar, suscitar, nem acolher uma classe criativa suficientemente numerosa", acentuando que "sempre viveu na saudade de um passado magnífico, no respeito das suas castas burocráticas, incansavelmente reconstituídas"; e que "[…] não tem estrutura estatal sólida e está gangrenado pela máfia, pela corrupção, pela prostituição e pelas drogas" (p. 222).

Depois de detonar o serviço público, o sistema educacional, o ambiente fiscal e a exportação, deixa um pirulito colorido de consolação, afirmando o grande potencial do Brasil que o colocará como a quarta economia em 2025,

---

5 Trabalhos também consultados para este item: CHADE, Jamil, "Bloco europeu adia plano ambiental", *O Estado de S. Paulo*. 3 nov 2008, p. A15; VIEIRA, Márcia, "O mundo vive dois dramas: a crise financeira e a climática", *O Estado de S. Paulo*. 3 nov.2008, p. A15.

6 É argelino, doutor em Ciências Econômicas; foi conselheiro de François Mitterrand e presidente do Banco Europeu para a Reconstrução e Desenvolvimento; assessorou o Presidente da França Nicola Sarkozy e presidiu a comissão para estudar os "freios do crescimento" da economia francesa.

valendo-se da sua potência nas áreas da indústria ecológica, e nas energias de substituição, entre outras.

Bem, supondo que o presente exemplar deste livro possa estar inteiro em 2025, o leitor poderá constatar as suas ilações.

PARTE II

É hora!

13. Desgovernança e confusão

Os desgovernos possuem vários níveis. Começam no desgoverno interior, pessoal. Depois, chega à família, extrapola para a vizinhança, bairro, região, município, estado, nação e continentes e se esparrama pelo mundo.

Dos muitos sofrimentos que os desgovernos causam, a fome é o resultado mais terrível que o ser humano experimenta, pois é contraditório, ilógico, imoral, e evitável. Por isso vamos começar esse item por essa fatia.

13.1 Sobre o desastre e a fome

Cada desabrigado por chuvas, cada parente de soterrado, cada agricultor desesperado por perdas de safras, ou jornalista que acompanha os desastres ambientais e já estão cansados de ver tantas cenas repetidas, a cada ano, percebe que a degradação ambiental e a mudança climática precisam ser consideradas pela sociedade como um fato e não como uma notícia de algo que eu não tenho nada a ver, que nunca vai chegar até minha casa.

Não há mais tempo a perder.

Esses eventos estão impondo a necessidade de transformações generalizadas na forma de vida humana, em todo o mundo.

A destruição de infraestrutura por chuvas torrenciais ou os incêndios florestais gigantescos vão continuar. As secas prolongadas, a falta de água potável e os conflitos de toda sorte aumentarão.

A possibilidade de ocorrência de desastres e fome em grandes contingentes, no mundo atual, é uma cruel realidade. Infelizmente, não há indicadores que sinalizem algo diferente, em curto prazo.

A sede e a fome transtornam a mente das pessoas. Uma pessoa faminta passa por transformações psicológicas e orgânicas profundas. A prioridade muda, a estratégia se modifica e se cria uma nova lógica baseada no desespero da sobrevivência individual, onde vale tudo.

A fome é uma das sensações do corpo privado de nutrientes. Todos os órgãos são afetados, entram em colapso e impõem sintomas horríveis.

O processo da morte por fome se inicia com dores agudas, acompanhadas com fraqueza, inchaço das pernas, diarreia crônica, baixa temperatura do corpo e redução drástica da imunidade, abrindo as portas para a manifestação de doenças oportunistas.

Segundo Spignesi (2006), quando as pessoas estão em processo de inanição, são capazes de comer qualquer coisa, nem que seja para apenas ocupar o estômago vazio. Pedra, areia, as próprias fezes e carne humana. Filhos são devorados pelos pais. Cadáveres são retalhados e consumidos por pessoas delirantes e desesperadas.

> "No dia em que a fome for erradicada da Terra, haverá uma grande explosão espiritual como o mundo jamais viu."
>
> FEDERICO GARCIA LORCA, poeta andaluz, 1898-1936.

Na Ucrânia soviética stalinista, em 1932, houve um surto de fome catastrófico. O canibalismo foi o último recurso. Embutidos e conservas de carne humana eram fabricadas e vendidas secretamente. Muitas vezes dedos humanos (do pé ou das mãos) eram encontrados em meio à carne cozida (Spignesi, 2006, p. 55).

Os seres humanos precisam dar mais atenção à História.

Agora temos um contexto apropriado para grandes catástrofes: excesso de pessoas, comida e água de menos, doenças, desnutrição e exclusão social demais, e distribuição de renda de menos, opulência e egoísmo demais, solidariedade e compaixão de menos. Estopim pronto. A fome pandêmica é uma possibilidade real.

A sequência de relatos, a seguir, dá exemplos do que os nossos antepassados já sofreram, e do que se pode aprender com tais experiências tão amargas.

- Às 13 horas do dia 24 de agosto de 79 (isso mesmo, ano de 79 d.C.) aconteceu a erupção repentina do vulcão Vesúvio (1.216 m de altura), próximo à cidade de Pompeia, sudeste de Nápoles, Itália. Morreram cerca de 20 **mil** pessoas. O Vesúvio expeliu lavas, cinzas e gases por oito dias ininterruptamente. Milhões de toneladas de cinzas caíram sobre as pessoas, seguida de uma inundação. A água misturada às cinzas formou uma pasta escaldante que ao esfriar petrificou tudo que encontrou pelo caminho (p. 186);

- De 1333 a 1347 a China experimentou um período de desgraças combinadas: surto epidêmico, seca e fome mataram 9 **milhões** de pessoas. As chuvas causaram inundações que mataram 400 **mil** pessoas. Seguiram-se ondas de gafanhotos e terremotos. Esses eventos deram origem à maior epidemia já registrada na história, conhecida como a Peste Negra – hoje designada de Peste Bubônica, politicamente correta.

Quinze anos depois, essa mesma peste chegaria à Europa por meio das pulgas dos ratos levados pelos navios mercantes. Escondidas nos pelos dos ratos, as pulgas conduziam a bactéria *Yersinia pestis* que causava as pestes bubônica, pneumônica e septicêmica.

Ocorreu na Europa entre 1347 e 1351 e dizimou 75 **milhões** de pessoas que adoeciam aos milhares e morriam sem assistência, abandonadas nas ruas, apodrecendo ali mesmo. Corpos eram amontoados em valas cobertas por uma fina camada de terra. Segundo Spignesi (2006, p. 26) "foi o pior desastre isolado a atingir a humanidade e a Peste Negra causava a mais horrível de todas as mortes".

Turquia, Itália, Alemanha, Inglaterra, Áustria, Grécia, França, Iugoslávia, Bósnia-Herzegovina, Croácia, Escócia, Noruega, Suécia e Polônia registraram as maiores perdas.

- Em 23 de janeiro de 1556 um grande terremoto nas províncias de Shensi, Honan e Shansi, na China, causou a morte de 830 **mil** pessoas.

- Em Lisboa, Portugal, no dia de Todos os Santos, 1º de novembro de 1755, quando as igrejas estavam repletas de fiéis, às 9h30, um terremoto de 8,6 na escala Richter causou a morte de 100 **mil** pessoas. Foi o mais avassalador terremoto jamais registrado na Europa. Para agravar a situação, o mar recuou 800 m e uma onda de 18 m de altura (tsunami) invadiu a cidade destruindo as estruturas remanescentes e afogando as pessoas que haviam conseguido escapar do terremoto (p. 135).

- Em 1845, um fungo parasita *Phytophthora infestans* levado para a Irlanda em barcos provenientes dos Estados Unidos dizimou as plantações de batata, base da alimentação local. A fome, seguida de doenças trazidas pela inanição, causaram a morte de 1 **milhão** e 29 **mil** pessoas. Navios lotados levaram 1 milhão e 180 mil migrantes que, em massa, deixavam seu país (p. 74), muitos dos quais morreram durante a viagem.

- Entre 1876 e 1878, na região norte da China, uma seca combinada com o rigor da dinastia Manchu causou a morte de 9 **milhões** de pessoas por fome e inanição, constituindo-se na maior tragédia dessa natureza na história da humanidade.

As privações fizeram surtir ondas de crimes, suicídios, canibalismo e venda de crianças em troca de comida. Ladrões de alimentos eram decapitados em massa.

O governo chinês censurava as notícias e o mundo só veio a saber um ano depois que 12 mil pessoas morriam diariamente de fome e eram enterradas em covas para 10 mil cadáveres.

No mesmo período, as áreas agrícolas da região Sul estavam sendo destruídas por inundações.

- Em 1891-1892, 16 províncias do Sudoeste da Rússia sofreram uma seca prolongada com sucessivas perdas de safras, resultando em carências de toda espécie. Cerca de 407 **mil** pessoas morreram de inanição.

Os governantes mandavam os fazendeiros comerem o "pão da fome" – massa formada por ervas, palha picada, seiva de árvores, areia e água. Cozinhava-se até formar uma massa negro-amarelada de detritos sem qualquer valor nutritivo, apenas para preencher o estômago vazio (p. 90). Enquanto isso, os governantes mantinham a sua política agrícola de exportação (vejam que esse procedimento não é novo).

- Em 1901, nas regiões Sul e Oeste, e no Punjab (Noroeste) da Índia, as doenças, a fome e a seca mataram 8 **milhões e** 250 **mil** pessoas (4.700 mortes por dia). A seca se alastrou por 480 mil km² atingindo 61 milhões de pessoas (p. 48).

Os indianos recebiam 75 centavos de dólar por mês. O trigo estava com preço muito alto no mercado internacional. Assim, a produção indiana ia para o exterior e o que ficava se tornava muito caro. Repetia-se um modelo que a história vem replicando. Assim, comiam cactos, grama, raízes, antes de irem aos abrigos sustentados pelo governo, para morrer como indigentes. Cadáveres se espalhavam desordenadamente pelas ruas.

- Em 1918-1919, uma gripe surgida em San Sebastian, Espanha, espalhou-se rapidamente pela Europa causando 2 **milhões** de mortes. Na Ásia foram 16 **milhões** de pessoas mortas. Nos Estados Unidos ceifou a vida de 195 **mil** pessoas em um só mês. No Brasil, registraram-se 120 **mil** mortes no eixo Rio-São Paulo-Minas Gerais. Até hoje é uma incógnita a gênese da doença e como aquele vírus se propagou tão rapidamente chegando até mesmo a dizimar populações nativas isoladas (p. 30).

- Em 1921-1923, cerca de 5 **milhões** de pessoas morreram de fome na região do rio Volga, Ucrânia, União Soviética, decorrentes da política de coletivização da União Soviética – a chamada "Fome do Terror". Havia alimentos, mas eram utilizados para exportação.

A lição não foi aprendida e em 1932-1933 a situação se repetiu, desta vez, porém, muito pior: morreram 7 **milhões** de pessoas – de fome, inanição e doenças. Esse período trágico ficou conhecido como "o maior de todos os crimes de Stalin" (Gregorovitch, 1974) e ocorreu em um período de colheita abundante. Os bolcheviques atacavam os lavradores ucranianos e confiscavam suas safras. Os que se negavam a ceder seus estoques de grãos para exportação foram assassinados ou exilados na Sibéria.

- Em dezembro de 1952, uma massa de ar quente vinda do Mar do Norte estacionou sobre Londres, aprisionando a neblina já existente, junto com a poluição gerada pelos carros, pelo consumo de carvão nas residências e na indústria, e pelas fábricas que liberavam gases tóxicos para a atmosfera urbana, derivados do seu processo de manufatura.

Aquela neblina densa saturou o ar. A ausência de ventos fez com que se formasse um teto gasoso intransponível durante cinco dias.

As pessoas não tinham para onde correr. **Quatro mil** pessoas morreram por complicações pulmonares diversas. As ambulâncias percorriam a cidade a 8 km/h, já que era necessário uma pessoa ir à frente para indicar o caminho. Muitas pessoas chegavam carregadas aos hospitais, sem vida.

- Em 13 de novembro de 1970, um ciclone no delta do rio Ganges, leste do Paquistão, deixou 1 **milhão** de mortos. Corpos sem vida pendiam das árvores, num macabro espetáculo, como se fossem galhos secos, com rostos e membros apodrecendo ao ar livre. Um tsunami com 15 m de altura completou a tragédia, deixando as ilhas de uma forma que não se podia acreditar que tivesse sido habitada antes. Ventos de 240 km/h devastaram a linha da costa, destruindo o que sobrou. A fome e a epidemia de tifo e cólera agravaram a situação.

Os sobreviventes, indignados com a indiferença do governo (Karachi, Paquistão), se revoltaram e iniciaram uma sangrenta guerra civil que culminou com a criação da atual Bangladesh (p. 78).

- Em 31 de maio de 1970, um terremoto, seguido de deslizamento de terra, causou a morte de 66 **mil** pessoas em Chimbote, Yungay e Huaras, no Peru.

- O deslizamento de terra fez rolar rochas do tamanho de casas (700 toneladas) que atingiram cidades despencando a 320 km/h, explodindo ruas em fragmentos (p. 124).

- De 18 a 20 de setembro de 1974, o furacão Fifi causou 10 **mil** mortes em Honduras, América Central. Deixou 60 mil desabrigados e dizimou 60% da indústria agrícola do país (p. 182).

- Às 3h42min de 27 de julho de 1976, em Tangsham, China, um terremoto de 8,3 na escala Richter causou o maior número de mortes no século XX, em eventos dessa natureza: 655 **mil** mortes. Os violentos abalos derrubaram 96% das casas e 90% das fábricas. A maioria das pessoas morreu enquanto ainda dormia. Os dois hospitais da cidade desmoronaram matando a todos. No dia seguinte, outro abalo (7,1) completou o quadro. Hidrelétricas se desmancharam, ruíram pontes e estradas; 400 km de via férrea foram arrancadas, tornando o socorro muito difícil (p. 86).

- A uma hora da madrugada do dia 3 de dezembro de 1984, aquela fábrica da Union Carbide que prometeu gerar 800 empregos, deixando as pessoas empolgadas em Bophal, na Índia, seria o palco da maior tragédia industrial-ambiental da história. Cerca de 40 toneladas do metil isocianeto (IMIC), um gás mortal utilizado em pesticidas, escapou de um reservatório e matou 3.828 pessoas.

  Uma nuvem de gás tóxico se elevou sobre a fábrica e se alastrou por um raio de 24 km sobre a cidade, matando as pessoas enquanto dormiam. Estima-se que continuem morrendo entre 10 a 15 pessoas por semana, decorrentes de sequelas da exposição ao gás tóxico, em 1984.

  Posteriormente comprovou-se que a empresa tinha dois conjuntos distintos de regras de segurança: um para as fábricas nos Estados Unidos e outro para as do exterior (p. 214).

- Em 7 de dezembro de 1988, um terremoto de 6,9 na escala Richter, com epicentro de 40 km a nordeste de Leninake, Armênia, União Soviética, deixou 55 **mil** mortos (p. 128).

- Entre 26 de outubro e 5 de novembro de 1998, o furacão Mitch arrasou cidades inteiras, na América Central, causando 18.323 mortes. Atingiu Honduras, Nicarágua, Guatemala, El Salvador e Costa Rica.

Em Honduras (14 mil mortos) reconheceu-se que em apenas um dia essa tempestade, de categoria 5, destruiu o progresso de 50 anos daquela nação (p. 172).

- Em 17 de agosto de 1999, às 3h, um terremoto de magnitude 7,4 atingiu Izmit, na Turquia, causando a morte de 30 **mil** pessoas. Os abalos puderam ser sentidos a 300 km de distância. Afetou 15 milhões de pessoas e produziu 600 mil desabrigados, 60 mil feridos, 40 bilhões de dólares de prejuízos materiais, uma refinaria demolida e uma população sem combustíveis, água, alimentos, energia elétrica, comunicações e atendimento médico de urgência.

Acredita-se que inúmeras pessoas poderiam ter sido poupadas daquela tragédia, se não fosse a corrupção, pois muitas construções, que deveriam resistir aos abalos, desmoronaram. Posteriormente, descobriu-se que os engenheiros projetistas nunca inspecionaram as obras em andamento para certificar o cumprimento das especificações, pois trabalhavam para os próprios empreiteiros (p. 155).

Seguiram-se a essas tragédias os terremotos e tsunamis na Ásia, o furacão Katrina nos Estados Unidos, as enchentes e deslizamentos de terra no Brasil (Santa Catarina, 2008; Petrópolis, 2010; Minas Gerais, 2012) e tantos outros que já devem ter ocorrido desde o momento da redação deste texto.

Há elementos comuns em todas essas tragédias, independentemente da época e do lugar: a ausência de políticas públicas voltadas para o reconhecimento do risco, a competência para gerenciar o desafio, a burocracia, a corrupção e a falta de compromisso com valores humanos cooperativos e construtivos, centralizando todos os objetivos em um único: valor econômico.

Um exemplo vem da Indonésia: a maior parte dos mortos do grande tsunami estava em hotéis, pousadas, mansões e pequenas casas construídas irregularmente em áreas de preservação permanente. A corrupção calou as leis ambientais locais e as construções foram erigidas.

Elementos como imprudência, arrogância, ignorância, imediatismo, consumismo, especulação imobiliária, interesses políticos, falta de ética e oportunismo sempre aparecem compondo o repertório de irresponsabilidade, insustentabilidade e imoralidade que configuram as tragédias anunciadas, ao longo da história.

São essas razões que nos levam a duvidar da capacidade humana de desviar a humanidade da rota de colisão com os cenários desenhados pelos cientistas. Mas, como temos sobrevivido até agora, temos ainda razões para acreditar que em um dado momento a espécie humana acordará dessa letárgica apercepção do sentido da vida e descubra outros objetivos mais nobres, além da acumulação de dinheiro.

A sequência que você acaba de ler teve como objetivo relembrar que os seres humanos já passaram por situações assim e que, certamente, vão passar de novo. Porém, desta vez, com vários elementos complicadores e um comportamento grupal que desafia qualquer lógica de sobrevivência: o desmantelamento da proteção que os ecossistemas nos ofereciam; uma população gigantesca que não para de crescer e precisa de alimentos, água e abrigo, mas destrói os sistemas que fornecem isso!

13.2 Sobre a idiotice anestesiante coletiva

Um dos exemplos mais dramáticos de como uma comunidade pode ser induzida à instabilidade generalizada nos foi deixada pelos chefes e pelo povo da Ilha da Páscoa.[1]

Diamond, em seu livro *Colapso* (2005, p. 515), descreve:

> Como resultado da luxúria pelo poder, os chefes da Ilha da Páscoa e os reis Maias agiram para acelerar o desmatamento em vez de evitá-lo; seu prestígio dependia de erguerem estátuas e monumentos cada vez maiores do que os de seus rivais. Estavam presos em uma espiral competitiva, de tal forma que qualquer chefe que erguesse estátuas ou monumentos menores para poupar as florestas seria desprezado e perderia o cargo.

Aconteceu o previsível. Os recursos naturais da ilha foram detonados e a população foi quase dizimada pela fome, sede, doenças e conflitos intermináveis.

As advertências não foram ouvidas. As 397 estátuas de 10 a 90 toneladas eram mais importantes do que qualquer outra coisa.

---

[1] Fica a 3.700 km da costa do Chile. É um dos lugares mais isolados do mundo. A ilha tem apenas 170 km^2.

Hoje, nas 203 nações do mundo as estátuas não são de pedra, são de papel: dinheiro. Os Moais de hoje são os bens acumulados, mofados, inservíveis à comunidade, escondidos em paraísos fiscais pelo medo fermentado na ganância e no egoísmo, embrulhados pela superficialidade, vazio e vulgaridade de suas vidas inúteis.

Como puderam aquelas pessoas da Ilha da Páscoa, nos momentos onde a crise já era grave, mas ainda poderia ser revertida, não reagir? Por que se encaminharam tão cegamente para a autodestruição?

Que argumentos foram utilizados para convencer as pessoas a se submeterem a tamanho sofrimento?

Será que os nossos descendentes, daqui a uns 100 ou 200 anos, não farão essa mesma pergunta quando examinarem a nossa forma de viver atual e o legado que deixamos para eles?

No momento, as pessoas andam acabrunhadas, enroladas nos seus afazeres e ensimesmadas. Muitos esperam uma catarse ou apocalipse que traga um mundo melhor, pois tudo deu errado, e tudo se mantém nesse erro.

Alguns acreditam nas potencialidades humanas, na nossa capacidade de sobrevivência sustentada na inventividade e cooperação. Outros acreditam em duendes.

Logo o tempo dirá quem está com a razão (se é que a razão existe).

De qualquer forma, lugares como a Ilha da Páscoa estão aí para nos relembrar das caminhadas passadas, tropeços e acertos dos nossos ancestrais. Estão aí para nos tocar, sensibilizar, dar um beliscão na nossa letargia.

A bióloga Lilian Fontes Frederico[2] visitou a Ilha da Páscoa em março de 2010 – nos legou as imagens que se seguem – e em um bilhete que acompanhava o seu CD com as fotografias, escreveu: "Conhecer a Ilha da Páscoa foi uma experiência ímpar em minha vida, no entanto, foi uma das histórias mais tristes de destruição de uma sociedade que conheci [...]"

---

2 Ela dirige o Programa de Educação Ambiental da Gerdau Açominas de Ouro Branco, MG, uma referência nacional. A partir do Biocentro (Centro de Educação Ambiental) promove um processo de formação ambiental beneficiando as comunidades do seu entorno. Oferece cursos de aperfeiçoamento nas metodologias de Educação Ambiental, inovando técnicas e abordagens; operacionaliza a recepção de visitantes com interpretação ambiental dos seus diversos recursos educacionais (Praça dos Biomas, Trilhas, Maquetes, Dinâmicas de Sensopercepção e outras).

Foto 22. A Ilha da Páscoa e seus mistérios.

Foto 23. Ilha da Páscoa, Moais (estátuas).

Foto 24. *A sisudez dos Moais na ilha da Páscoa* (Cortesia de Lilian Fontes Frederico).

Foto 25. *Vista da Ilha da Páscoa* (Cortesia de Lilian Fontes Frederico).

13.3 Incêndios florestais e mudança climática: exemplo de apercepção

A maior parte dos seres humanos não tem noção do lugar onde vivem, no espaço cósmico. A Terra ainda é vista como algo de dimensões extraordinárias, quase infinitas.

O oceano é "infinito", o horizonte é "infinito"... isso aqui é um mundão de Deus.

O acanhado perímetro de apenas 40 mil km do nosso planeta não é percebido como algo real. Um avião de rota comercial que tivesse autonomia suficiente poderia completar uma volta em torno do planeta em apenas seis horas!

Outro "buraco" na percepção coletiva é o nosso, até então, isolamento no cosmos.

O Universo é formado por espaços vazios, em sua maior parte. Na imensidão escura e gélida dos cosmos, pontilham incontáveis sistemas solares com planetas em suas órbitas. Até agora não encontramos sinal de vida "inteligente" – como dizem –, nessa miríade cintilante.

O planeta Terra é uma dessas raridades flutuando no espaço. Não há vizinhos próximos que abriguem a vida. Está misteriosamente isolada na imensidão escura do universo.

Na Terra, a vida é sustentada por um conjunto de fatores que atuam ao mesmo tempo. Os sistemas naturais são dinâmicos. As suas estruturas e funções passam por processos contínuos de autoajustamentos evolutivos.

Nesse ambiente vivem trilhares de seres vivos *sobre* o solo (plantas, animais, fungos, vírus e algas) e em um número ainda maior *sob* o solo.

Todos interagem e se influenciam, lubrificados por ciclos biológicos, geológicos e químicos. Os sistemas naturais recebem a energia do sol e se entrelaçam em um mosaico onde as peças se acoplam pelas interdependências e conectividades, e embalam o mistério da vida.

Dessa forma, a vida se desenrola em um palco com limites definidos pela capacidade de suporte determinada pelos estoques de recursos naturais e pela entrada de energia do Sol, e mais.

Lá fora (i.e., fora da nossa atmosfera, fora do manto gasoso que nos protege e distribui o calor do sol) a temperatura é de gélidos -270 °C.

Poucos têm essa consciência do nosso ninho cósmico, da pequenez do nosso ambiente.

Sabemos que a espécie humana vem desenvolvendo estilos de vida que desconhecem esses limites, pois, para sustentá-los, exagera na exploração, desperdiça recursos naturais, modifica dinâmicas e elimina a vida em suas mais variadas formas de expressão para obter metais, madeira, grãos, carne, energia e mais.

Como decorrência, experimenta uma nítida perda de qualidade de vida, ao mesmo tempo em que expõe os outros seres vivos do planeta a situações de estresses contínuos e/ou eliminação.

A degradação ambiental é generalizada. Já vimos que ela é produto do analfabetismo ambiental, acoplado ao egoísmo e à ganância, regada a imediatismo e materialismo e emoldurada pela ignorância. Alimenta-se de um modelo econômico que percebe o ambiente apenas como recursos a serem transformados em negócios e lucros.

Imersa nessa profunda crise de percepção, a sociedade humana nomeou o valor econômico como o único, o absoluto, e negligenciou o fundamental, em detrimento do urgente. Com isso, perigosamente, concentrou-se na acumulação de riquezas, sem se preocupar com os seus riscos e as suas vulnerabilidades. Também já vimos isso.

Dessa forma, essa mesma sociedade criou situações de vulnerabilidade cujas soluções são extremamente complexas. Baixa governança, má distribuição de renda com crescimento contínuo da pobreza e da ignorância, segurança alimentar insipiente, perda da biodiversidade (que fragiliza os ecossistemas), conflitos crescentes por habitação, terras, água e proteínas, amalgamado por instabilidade política, corrosão ética, entre outros, são exemplos dessas situações criadas, examinadas já neste trabalho.

Vimos também que a situação socioambiental requer instrumentos de negociações e tecnologias de mitigação que ainda não existem ou estão em fases iniciais; **requerem também adaptações de comportamentos que os seres humanos ainda não exibiram ao longo da sua escalada.**

As suas soluções vão exigir o máximo da capacidade humana em inovação, cooperação e resiliência para resolver os conflitos que serão exacerbados diante de tantos interesses contrariados das poderosas corporações transnacionais, e das pressões crescentes dos padrões de produção e consumo de uma população que não para de crescer e replicar a sua ignorância.

Já se sabe que a maior parte da mudança climática global é causada pelo aumento da concentração do dióxido de carbono (gás carbônico, CO_2) na atmosfera. Sabe-se que tais emissões são oriundas principalmente da queima de combustíveis fósseis (carvão e derivados de petróleo), desmatamentos, atividades agropecuárias, queimadas e incêndios florestais.

As contribuições (emissões) geradas pela queima de combustíveis fósseis, desmatamentos e atividades agropecuárias já são bem estudadas e muito debatidas. Entretanto, ainda não se deu a devida importância às contribuições das **queimadas e incêndios florestais**[3] (Q&IF) no processo de mudança climática global, e menos ainda às pressões de degradação que exercem sobre a sociedade e os ecossistemas.

13.3.1 Fogo no clima e na vida

É inacreditável a resistência em se perceber e/ou reconhecer as contribuições das Q&IF como um componente decisivo para o agravamento da mudança climática global, assim como um componente denso de degradação de qualidade ambiental local, regional e global.

O foco continua sendo o desmatamento. E quando se fala em Q&IF o foco é o combate, jamais a prevenção.[4]

Entende-se, a prevenção não dá lucros; o combate, sim. O combate envolve uma parafernália gigantesca de pessoas, equipamentos, transporte, suprimentos, e outros itens intermináveis de logísticas, condimentados à base de esperados e festejados contratos milionários.

Uma simples auditoria para comparar o que se investe em *prevenção* e o que se investe em *combate* a incêndios florestais, em qualquer país, pode demonstrar a inadequação do balanço entre aquelas funções.

Falar em Educação Ambiental como um elemento cabal para os processos de prevenção, nesse contexto, significa arrumar inimigos e confusão. Os recursos para a gestão do processo de Educação Ambiental chegam a ser ridículos (quando existem). A partir dessa realidade, obviamente os valores se invertem.

---

3 *Queimadas*: fogo na vegetação sob controle; *Incêndios florestais*: fogo na vegetação sem controle.

4 No Brasil, os investimentos para o *combate* às Q&IF chegam a representar 95% do orçamento das instituições encarregadas da questão, enquanto a prevenção...

De qualquer modo, no Brasil e em muitas nações do mundo, os problemas das Q&IF são tratados de forma tímida e ainda não foi alçada ao *status* que merece, considerando a sua importância sistêmica com influências e ramificações sociais, econômicas, ecológicas, políticas, éticas e culturais.

O que mais inquieta é a obviedade da necessidade. Enquanto o CO_2 oriundo dos desmatamentos é liberado lentamente para a atmosfera, nas Q&IF o CO_2 estocado na vegetação (e também uma parte no solo) é liberado **imediatamente** para a atmosfera.

Essa forma de emissão é responsável por uma grande parcela das contribuições brasileiras ao aumento da concentração global de gases estufa.

Segundo o notável cientista brasileiro Paulo Artaxo (Netto, 2011):

> As queimadas e os incêndios florestais, no Brasil, emitem mais gases de efeito estufa – principalmente metano e dióxido de carbono –, do que as atividades industriais e de transporte, em todo o país!

Essa "contribuição" nacional à mudança climática global é um dos pontos constrangedores do Brasil, citado com frequência nas discussões e negociações internacionais sobre o tema.

Só isso já seria o suficiente para que a temática fosse eleita dentro das prioridades e ações imediatas nas agendas governamentais.

Mas tem muito mais: a cada ano, no período da seca, os incêndios florestais ocupam a mídia com imagens de um portfólio de desgraças onde se incluem acidentes nas estradas, aeroportos fechados, hospitais lotados de crianças e idosos com problemas respiratórios, safras queimadas, equipamentos agrícolas derretidos, animais silvestres e domésticos carbonizados e um céu cinzento com ar pesado, carregado de fuligem e gases tóxicos invadindo as casas das pessoas, lembrando-as de que somos nós próprios que estamos fazendo aquilo.

13.3.2 Os incêndios florestais como forçamento[5] dos cenários da mudança climática e da vulnerabilidade social

As mudanças em curso nos ecossistemas têm feito crescer a probabilidade de mudanças não lineares[6] que poderão afetar o bem-estar humano.

Essas mudanças ocorrem de forma gradual e, na maioria dos casos, não conseguimos perceber quando um determinado limite é ultrapassado.

Os sistemas terminam se modificando para neutralizar aquela perturbação e se conformam em estados diferentes que podem ser agressivos à vida humana.

Embora a Ciência seja capaz de alertar para os riscos crescentes, ela ainda **não é** capaz de prever os pontos-limite nos quais as mudanças podem ser detectadas.

Cientistas trabalham com cenários e não com previsões. Essas são a arena das cartomantes, como já foi dito.

Os efeitos da degradação dos serviços ecossistêmicos têm recaído de forma desproporcional sobre as populações mais pobres, o que tem contribuído para o aumento das desigualdades e disparidades entre diferentes grupos da população, sendo às vezes o principal fator gerador de exclusão e conflitos sociais (Dias, 2010).

Os indivíduos que sofrem os danos dessas mudanças, e os que colhem os benefícios, não são os mesmos (ONU, AM, 2005). As queimadas e os incêndios florestais, junto aos desmatamentos, formam exemplos cruéis dessa mórbida realidade que precisa ser mudada.

As consequências das mudanças climáticas globais são imprevisíveis e a atitude mais prudente seria reunir todos os esforços possíveis para a mitigação e adaptação necessárias ao enfrentamento de tais desafios. No momento, entretanto, perde-se um tempo valioso em acaloradas discussões (nutridas por vaidades acadêmicas e interesses de corporações para que tudo continue como está) a respeito da natureza dessas mudanças. Qualquer pessoa da Terra já percebe que algo está fora de fase.

---

5 O termo surge nos relatórios do IPCC sobre a mudança climática global. Significa um conjunto de ações/causas que impõe pressão e resulta em mudanças.

6 Na natureza, os sistemas são interligados e interdependentes; ainda não se conhecem todas as interações; o nível de complexidade supera qualquer modelo de análise disponível.

No diagrama a seguir podem-se perceber as ramificações de pressão social decorrentes das mudanças climáticas globais, considerando apenas dois de seus elementos: água e energia, no que tange à segurança alimentar.

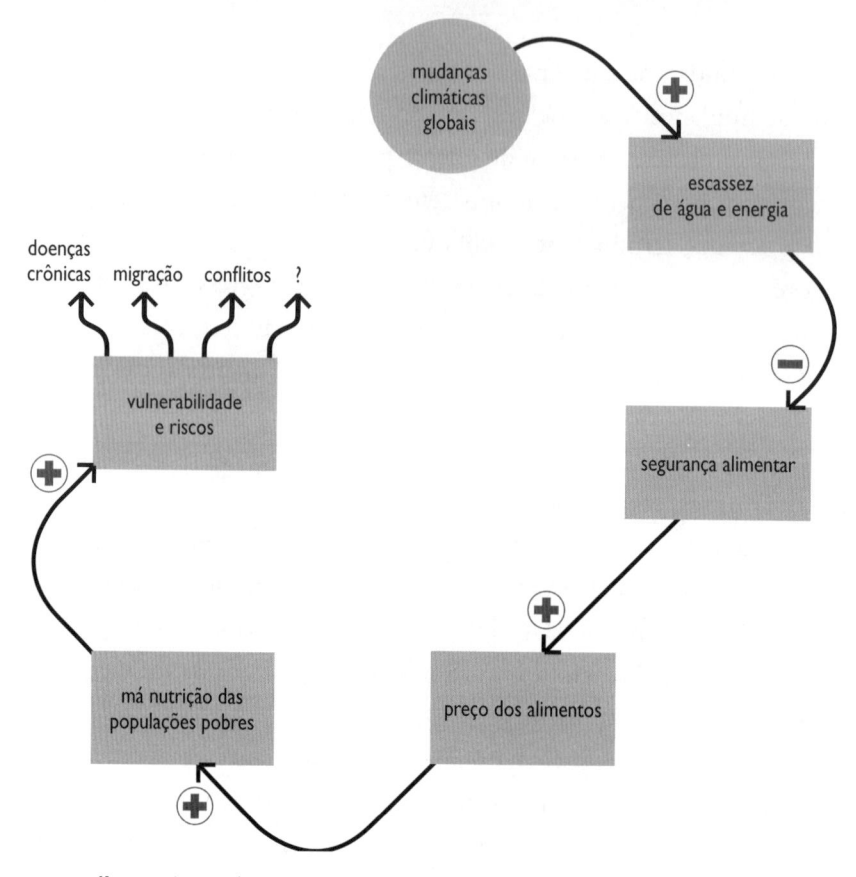

Figura 5. *Análise sistêmica* (adaptado do livro Fogo na vida. Genebaldo Freire Dias, 2011).

13.3.3 Constrangimentos: cultura é fogo!

É comum encontrar a opinião de que não se consegue mudar hábitos de fundo cultural ou de que isso é erosão patrimonial.

Reconhece-se que há um forte componente histórico-cultural associado ao uso do fogo como prática de manejo na agricultura e na pecuária, bem como nas práticas de incineração de lixo, tanto em ambientes rurais quanto urbanos.

As Q&IF destroem as florestas que ajudam a regular o clima e a água, empobrecem o solo, carbonizam os animais silvestres, secam as nascentes, poluem o ar, causam várias doenças, destroem safras, equipamentos e matam pessoas.

É improvável conhecer *todas* as consequências das Q&IF dado à complexidade dos sistemas socioambientais.

Aceitar a continuação dessas práticas, por serem arraigadas na cultura das pessoas, é inação suicida.

O conhecimento dos graves danos socioambientais testemunhados nas últimas tragédias em todo o mundo torna este tipo de utilização do fogo inaceitável.

Além do mais, já se conhecem alternativas ao uso do fogo,[7] desenvolvidas por diversas agências de pesquisa e cooperação no Brasil, principalmente Embrapa, Emater e Universidades.

Obviamente essas alternativas ao uso do fogo precisam chegar até as pessoas acompanhadas de apoio técnico e financeiro, o que não pode ser feito apenas pelos governos. Há a necessidade de participação de diversos segmentos da sociedade: empresas, fundações, ONGs, representações sindicais e outros.

Nos países onde houve a supressão do uso do fogo como elemento de manejo, houve mudanças políticas e sociais, avanço tecnológico, maior compreensão do papel do fogo nos ecossistemas e a promoção da Educação Ambiental.

Tais processos foram fomentados por cooperação interagências, programas integrados de manejo de fogo (prevenção e combate), treinamento, formação e pesquisa. É um grande desafio que compete a todos os setores da sociedade. O que não se admite mais é transformar sistemas vivos em cinzas e gases de efeito estufa.

13.3.4 Principais causas dos incêndios florestais

Em exame inicial admite-se que a causa principal do fogo na vegetação seja a falta de percepção das consequências que tal ato pode gerar para a própria pessoa, além dos danos aos sistemas naturais e à sociedade como um todo.

No Brasil, as causas principais são:

---

7   O resumo das alternativas ao uso do fogo está nos Anexos.

Analfabetismo ambiental

É o desconhecimento (ignorância) sobre os processos que asseguram a vida na Terra.

Com esse desconhecimento não se tem a noção das consequências dos atos de degradação ambiental, o que leva à insensibilidade e à negligência. O analfabetismo ambiental é a maior ameaça à sustentabilidade socioambiental.

Acidentes

Fogueiras mal apagadas, reignição (reinício do fogo após combate), efeito lupa (raios solares convergem para um ponto após atravessar cacos de vidros, cristais e outras superfícies refletoras, criando um foco de luz com muito calor), rompimentos de cabos de alta tensão, emissão de fagulhas incandescentes (expelidas por escapamento de veículos pesados nas rodovias e fagulhas das via férreas), tochas utilizadas em sinalização, nas rodovias, entre outras.

Cultura/Comportamento

É o componente mais complexo e desafiador.

Velas acesas deixadas em rituais religiosos, utilização do fogo para caça (alguns povos ainda usam essa estratégia para matar pequenos animais), conflitos com órgãos ambientais (as pessoas põem fogo na vegetação por vingança), piromania (transtorno psicológico – as pessoas sentem prazer ao contemplar o incêndio provocado; "apreciam" as chamas).

Os incêndios ocasionados por queda de balões foram reduzidos. Acredita-se que essa redução tenha ocorrido após a caracterização dessa prática como crime ambiental (Lei n. 9.605/98). Entretanto, em estados como Rio de Janeiro e Espírito Santo, ainda se flagram pessoas cometendo tais crimes, caso típico de um misto de analfabetismo ambiental, egoísmo exacerbado, irresponsabilidade e uma boa dose de desequilíbrio psíquico.

Entre 2000 e 2008, cerca de 30% dos incêndios florestais, no Brasil, ocorreram por vandalismo (Dias, 2010). Em 2012, passou para 90% (Dias, 2013). Um dado instigante, desafiador e complexo, que merece pesquisas específicas sobre o tema e coloca o processo de Educação Ambiental como um dos pontos nevrálgicos do processo de sensibilização e mudança.

Em 2009, o Núcleo de Pesquisa e Monitoramento (NPM) e o Núcleo de Prevenção e Combate (NPC do Prevfogo) (com sede em Brasília), em seu documento Perfil dos incêndios florestais acompanhados pelo Ibama – 2009 (MMA/Ibama/Prevfogo/NPM/NPC, 2010) corrobora esse elemento complicador (vandalismo):

Tabela 2. Número de incêndios registrados por causa dos incêndios no ano de 2009

Causa	Quantidade de ROI
Outras causas – vandalismo	139
Atividade agropecuária – queima para limpeza da área	120
Atividade agropecuária – renovação de pastagem plantada	84
Desconhecida	75
Acidente – fagulha transportada pelo vento	50
Atividade agropecuária – renovação de pastagem natural	41
Outras causas – queima de lixo	35
Outras causas – outros	31
Acidente – confecção de aceiros	23
Extrativismo-caça	20
Atividade agropecuária – queima de resto de exploração	9
Acidente – cabo de alta tensão	5
Acidente – fagulha de máquina	5
Acidente – reignição	4
Outras causas – fogueira de acampamento	4
Extrativismo – extração de madeira	3
Natural – raio	3
Extrativismo – extração de espécie vegetal	2
Extrativismo – extração de mel	2
Atividade agropecuária – queima da cana-de-açúcar	1
Extrativismo – limpeza da área para mineração	1
Extrativismo – queima de serrapilheira	1
Outras causas – queda de balão	1
Total	659

Fonte: Perfil dos incêndios florestais acompanhados pelo Ibama – 2009 (MMA/Ibama/Prevfogo/NPM/NPC, 2010, p. 29).

Expansão das áreas rurais

O Brasil tem 70 milhões de hectares ocupados por atividades agrícolas e cerca de 200 milhões de hectares ocupados pela pecuária.

Infelizmente, nessas atividades, ainda predominam formas obsoletas de manejo e exploração dos recursos naturais, a despeito dos últimos avanços verificados como aumento da produtividade pela incorporação de novas tecnologias e procedimentos, certificações e outros elementos de gestão ambiental.

O desmatamento continua sendo o elemento mais utilizado e, em vários casos, ocorre em áreas de florestas primárias.

Aos olhos do mundo, um processo incompreensível. Afinal, transformar florestas nativas em carne, soja, fumaça e dólares (que serão recolhidos por um grupo restrito de pessoas) não parece ser a estratégia mais recomendável para uma sociedade que busca novos modelos que sejam "ambientalmente sustentáveis, socialmente justos e economicamente viáveis" como preconizados.

Uma economia não pode ser viável se não for capaz de gerar benefícios sociais e de se desenvolver de forma a não comprometer a qualidade de vida das pessoas, na presente e nas futuras gerações, nem ameaçar os sistemas que asseguram a vida no planeta. Em outras palavras, uma economia viável eticamente.

O quadro que ainda predomina é a ampliação contínua e crescente de áreas rurais acompanhado dessas práticas ultrapassadas. Tanto que 1/3 das Q&IF tiveram origem na utilização do fogo como forma de "renovação" de pastagens (durante a prática das queimadas, o desconhecimento das técnicas de prevenção e dos fatores que influenciam o comportamento do fogo termina provocando a sua perda de controle).

A agricultura e a pecuária com manejos baseados em desmatamento e em queima apresentam-se ainda como o maior vetor de indução desses eventos e o setor de atividades econômicas que precisa incorporar mais rapidamente novas tecnologias e atitudes que possam configurar uma nova imagem dentro do desafio da sustentabilidade humana.

Diante desse contexto, o que menos se deseja é a continuação do embate deselegante e improdutivo entre ruralistas e ambientalistas. É chegada a hora da prática da tolerância, do saber ouvir o outro, da ponderação e dos ajustes evolucionários que se fizerem necessários, sem radicalismos. Há de se compatibilizar os interesses e necessidades, mediados não apenas pela política e pelo conhecimento da academia, mas pela ética e comprometimento com os valores humanos que nos permitiram evoluir até aqui.

Pelo menos, essa é a receita conhecida e recomendada.

Fenômenos naturais

O Brasil é o país onde caem mais raios no mundo. Segundo o Inpe, de cada 50 mortes no mundo, uma é no Brasil. Mas ainda não se sabe a razão claramente.

Nos dados de 2000-2006 os raios aparecem como 11% das ocorrências de fogo na vegetação.

Extrativismo

Por descuidos, fogueiras mal apagadas durante as atividades de exploração dos recursos naturais (caça, pesca, retirada de madeira, coleta de frutos, raízes e outros), terminam causando incêndios florestais. Extratores de mel também causam incêndios florestais quando ateiam fogo às colmeias.

Política Agrária

Há necessidade de incorporação de maiores cuidados nas práticas agrárias, em relação ao meio ambiente e, em particular, ao uso do fogo. Há de se estimular as formas alternativas de produção sem a utilização das práticas de queimadas.

Devem-se formular políticas que oriente e apoie as formas alternativas de produção sem a necessidade de uso do fogo.

13.3.5 Principais consequências das queimadas e dos incêndios florestais

Se o termo "impossível" pode ser aplicado em alguma situação, nesta parece ser admissível. As consequências do fogo na vegetação são tantas e tão complexamente intricadas com uma multiplicidade de fatores que se torna virtualmente "impossível" mapear todas as implicações.

O que será apresentado a seguir é um conjunto de elementos reunidos em uma análise sistêmica que busca fornecer elementos para a percepção desse desafio.

Na sociedade:

a. *Efeitos sobre a saúde humana*

A fumaça e as fuligens:

◇ causam e/ou agravam doenças respiratórias, como bronquite e asma; provocam dores de cabeça; náuseas e tonturas; conjuntivites; irritação da garganta e tosse; induzem maior uso de broncodilatadores (causadores de efeitos colaterais indesejáveis, como agressões ao estômago, rins e fígado); crianças e idosos são os mais afetados;

◇ produzem alergias na pele;

◇ agravam problemas gastrointestinais;

◇ promovem complicações em pacientes com doenças cardiovasculares e/ou pulmonares, aumentando a mortalidade;

◇ induzem efeitos danosos sobre o sistema nervoso;

◇ produzem efeitos negativos no desenvolvimento do feto;

◇ reduzem a percepção visual e a habilidade para realizar tarefas;

◇ reduzem a concentração de oxigênio a níveis críticos;

◇ elevam a concentração de monóxido de carbono (gás letal);

◇ causam intoxicação e até a morte.

Além disso, estudos comprovaram que as Q&IF:

◇ emitem vários poluentes, entre eles NOx (óxidos de nitrogênio), CO (monóxido de carbono), material particulado (poeira), além de substâncias altamente tóxicas (peroxiacil nitratos (PAN), aldeídos, furanos e dioxinas (a dioxina aumenta o risco de neoplasias (câncer));

◇ a inalação de dióxido de enxofre (SO_2) pode interferir na eliminação de bactérias e partículas inertes dos pulmões;

◇ poluentes inalados, ainda que em baixa concentração, têm efeito cumulativo (um adulto em repouso inspira, em média, 8.600 litros de ar atmosférico por dia. Considerando que a superfície interna dos pulmões (membranas dos alvéolos pulmonares) é de aproximadamente 70 m^2, tem-se uma ideia do que uma pessoa possa estar acumulando em seus pulmões em áreas onde ocorrem as queimadas).

b. *Efeitos econômicos e sociais*

As queimadas e os incêndios florestais iniciam uma cadeia crescente de consequências negativas, cujas interrelações e retroalimentações são imprevisíveis. Pode-se destacar, entretanto:

- aumento de atendimentos hospitalares e gastos gerais com a saúde;
- interrupções no fornecimento de energia elétrica com danos gerais;
- problemas no abastecimento de água;
- queda da produtividade agrícola devido à desidratação do solo (ressecamento) e perda de nutrientes;
- elevação dos preços dos alimentos;
- suspensão de atividades educacionais e de lazer;
- contribuição para as mudanças climáticas (induzem secas, inundações, tempestades, ciclones e outros);
- comprometimento da segurança e do funcionamento do transporte aéreo e rodoviário devido à redução da visibilidade.

Na edição de 9/7/2010 do *Jornal Nacional* da Rede Globo de Televisão anunciava-se: "Cuiabá quase desapareceu em meio a tanta fumaça que vem das queimadas".

> As queimadas em Mato Grosso já são responsáveis pela produção de mais gases poluentes do que todo o Estado de São Paulo. Milhares de focos foram registrados no estado e muitos foram provocados pelo próprio homem. O fogo avançou sobre o morro de Santo Antonio, perto de Cuiabá. A capital de Mato Grosso quase desapareceu em meio a tanta fumaça que vem das queimadas.
>
> Foram registrados 15 mil focos de incêndio no Estado desde janeiro. Segundo o Instituto Nacional de Pesquisas Espaciais (Inpe), as queimadas em Mato Grosso lançaram na atmosfera, só na primeira semana de julho, 211 mil toneladas de monóxido de carbono. É mais que o Estado de São Paulo que, no mesmo período, lançou 188 mil toneladas.

Em Tangará da Serra (MT), os agricultores combatem há nove dias o fogo que avançou sobre as propriedades. As chamas geralmente são provocadas pelo próprio homem.

(Disponível em: <http//:www.g1.globo.com/jornal-nacional/noticia/2010/07>. Acesso em: 12 jun. 2010.)

Nos ecossistemas

a. *Efeitos sobre a regulação dos ecossistemas:*

- afeta a reciclagem de nutrientes (interfere na "lubrificação" da natureza);
- causa a morte da biota (plantas e animais), reduzindo a biodiversidade;
- a redução da biodiversidade diminui a **resiliência** dos ecossistemas (nível de distúrbio que um ecossistema pode suportar sem precisar ultrapassar um ponto-limite para outra estrutura de funcionamento; capacidade de se adaptar);
- elimina os predadores naturais de algumas pragas;
- destroem nascentes e interrompem o fluxo de água para a atmosfera;
- contribui para o aquecimento global (produz gás carbônico);
- a fumaça reduz a incidência da luz solar, diminuindo a produção primária (fotossíntese);
- produz perda de nichos ecológicos;
- produz *feedback* (retroalimentação) positiva sobre a mudança climática.

Apenas para recordar, repetimos o diagrama a seguir:

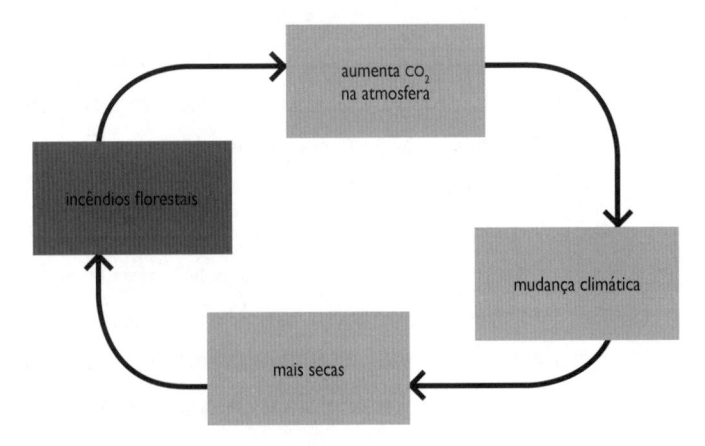

b. *Dentro dos ecossistemas, os **efeitos** sobre os solos são principalmente:*

- Perda da fertilidade e da produtividade a partir da segunda colheita devido a:

    1. Redução na quantidade de matéria orgânica (fonte de nutrientes) que cobre o solo, responsável por sua proteção contra o ressecamento.
    2. Eliminação dos micro-organismos que compõem a vida do solo.
    3. Perda de minerais.
    4. Diminuição da capacidade de infiltração da água e perda da capacidade de "guardar" água.
    5. Intensificação do processo de erosão e assoreamento dos rios.

    Com a perda da fertilidade e da produtividade ocorre:

- Uso maior de fertilizantes, agrotóxicos e herbicidas para o controle de pragas e de plantas invasoras (significa maior risco de poluição dos rios e do solo, e danos à flora e à fauna).

c. *Dentro dos ecossistemas, os **efeitos** sobre a atmosfera são principalmente:*

- perda da qualidade do ar devido ao excesso de partículas e de gases tóxicos que saem das partes queimadas da vegetação, principalmente monóxido de carbono;
- alteração na formação e propriedade das nuvens e nos ciclos das chuvas;
- decréscimo da adsorção da radiação solar no sistema atmosférico de superfície devido aos aerossóis da fumaça;
- alteração dos níveis de CO_2 e O_3 (ozônio) na troposfera;
- destruição da camada de ozônio na estratosfera;
- aumento da elevação das cargas elétricas das nuvens, favorecendo a ocorrência de mais raios (Fernandes *et al.*, 2008).

d. Dentro dos ecossistemas, os **efeitos** sobre a Flora destacam-se:

- forçamento[8] de estresse hídrico, de temperatura e de nutrientes;
- simplificação dos ecossistemas[9] pela perda de diversidade genética, principalmente entre espécies cultivadas;
- ruptura de conectividades;[10]
- morte de plantas jovens.

e. Dentro dos ecossistemas, os **efeitos** sobre a Fauna destacam-se:

- redução do tamanho e da variedade das populações animais;
- forçamento de migração, desorganização social, aumento de conflitos populacionais por alimentos e território, morte.

13.3.6 O ser humano é uma falha ontológica?

Como foi visto, as queimadas e os incêndios florestais são capazes de perturbar a vida da sociedade e molestar profundamente os ecossistemas.

Os prejuízos decorrentes desses eventos são tão extravagantes, profundos e extensos que deveriam requerer das instituições, pessoas e Estado, medidas efetivas para a sua redução nos níveis naturais (afinal, os raios estão aí).

O incrível nessa história é a ideia de que nós, seres humanos, não somos capazes de contribuir para a indução de mudanças nos sistemas climáticos, ficando tudo por conta da variabilidade natural.

Que se analise a imagem que se segue. É o registro de focos de fogo, no auge do período de queimadas no Brasil. O país com pirossarampo.

---

8 *Forçamento para extinção de espécies*: o termo "forçamento" surge nos relatórios do IPCC1 sobre a mudança do clima. Significa um conjunto de ações/causas que impõe pressão e resulta em mudanças.

9 *Simplificação dos ecossistemas*: quando uma espécie é extinta (tanto faz se planta ou bicho) o ecossistema se torna mais pobre, pois perde um componente de sua complexa teia de interações. De modo geral, quando se perde espécies, perde-se complexidade, tornando os sistemas mais simples e com menos capacidade de resposta às pressões de degradação ambiental (diminui as possibilidades de adaptação).

10 *Rupturas de conectividade*: danos na rede de interações entre espécies e/ou ecossistemas.

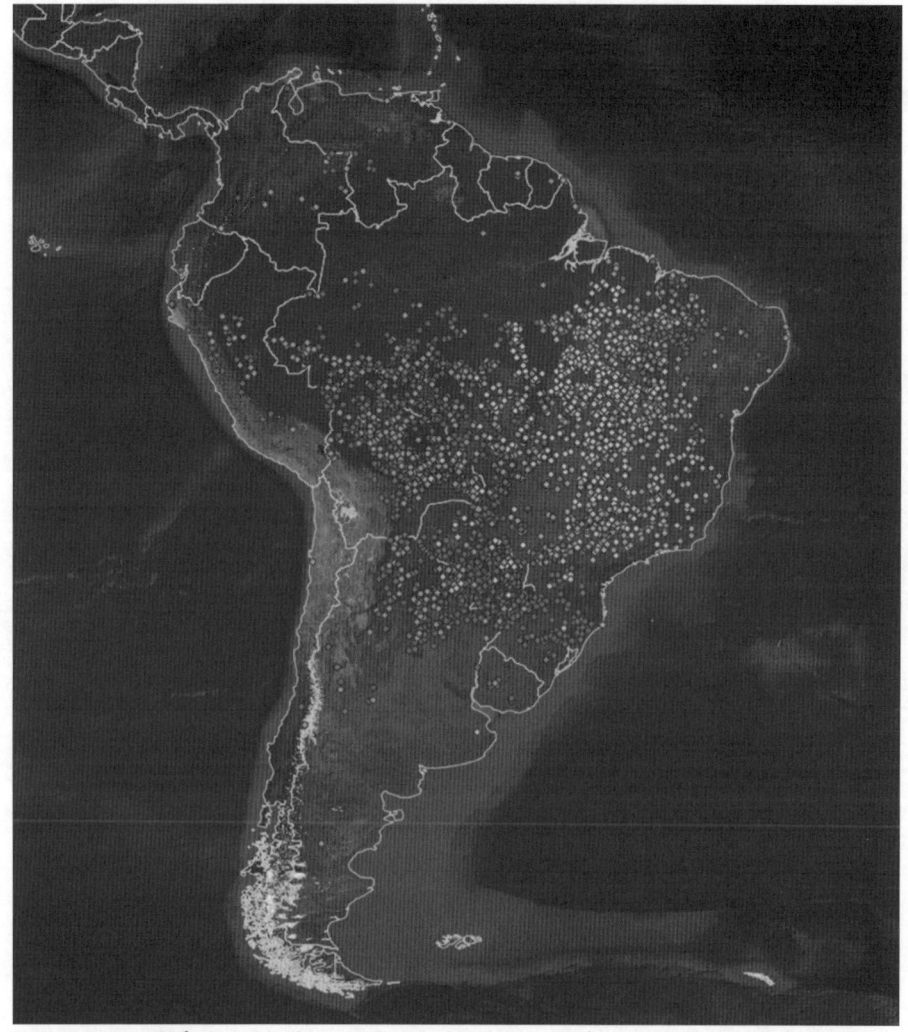

Foto 26. Focos de fogo no Brasil em 10 de setembro de 2010. Fonte: <http//:www.cptec.inpe.br/queimadas>.

Contestar o quê? Instigante como as pessoas investem tanto na sua própria destruição.

É complicado entender que as agruras que se experimentam durante a fumaceira generalizada que toma conta do mundo, envenenando a todos, é causada por nós.

A porcentagem do fogo na vegetação causada por processos naturais (raios) é minúscula. E o fogo é logo controlado.

Os grandes incêndios que devoram fazendas, bairros, florestas, pessoas, animais silvestres, pontes, casas, pastagens, safras etc., nasceram das mãos humanas. Fomos nós que fizemos aquilo. Não foram as capivaras, nem os beija-flores.

Os gigantescos incêndios florestais que infernizaram a via dos australianos, espanhóis, brasileiros, russos, chilenos, norte-americanos e gregos em 2009-2012 foram todos iniciados por mãos humanas.

As razões podem ser diferentes, mas a origem é a mesma: egoísmo!

Cada uma daquelas pessoas que iniciou o desastre tem sua justificativa pronta, sua desculpa legitimadora, sua explicação convincentemente lógica. E cínica, obviamente.

Cada um estava resolvendo o seu problema: pode ser uma vingança julgada merecida, ficar livre de uma praga, preparar o terreno, enganar o vizinho, desestabilizar uma unidade de conservação, acabar com uma floresta para facilitar planos imobiliários, gozar de prêmios de seguros, vender suprimentos e equipamentos de emergência, vender materiais para combate, alugar aeronaves, decretar estado de emergência para se apoderar dos recursos públicos liberados mais rapidamente, corromper, roubar, enriquecer... e por aí segue a configuração da obscena indústria do combate a incêndios florestais, em todo o mundo.

Além do analfabetismo ambiental e da ignorância, por trás da maioria dos incêndios florestais há injuricidades, ilicitudes, malícia e logro, acionados pelo combustível da cobiça insaciável.

Certamente aquelas pessoas não despertaram para o sofrimento dos outros. Isso é pedir muito.

São meros detalhes o desespero das aves que sobrevoam seus ninhos ouvindo o grito aflito dos seus filhotes em chamas; os tamanduás com suas caudas incendiadas em sua corrida convulsiva contra a morte, qual tocha viva espalhando mais fogo; a agonia das pessoas tentando impedir a chegada do fogo em suas casas, no seu baldado e estéril esforço para evitar a perda de patrimônios construídos com tantas dificuldades; a imagem lancinante e dolorosa do amigo encontrado calcinado, qual estátua petrificada de Pompeia.

Mas nada disso comove ou demove as pessoas da sua saga maluca de atear fogo no mundo só para resolver a sua parte.

Vive-se uma nova insensibilidade ambiental. E o caminho para a mudança é tortuoso, longo e incerto. Mas existe.

> "Uma árvore serve para fazer um milhão de fósforos.
> Com um fósforo, pode-se destruir um milhão de árvores.
> O talento do homem de criar um espaço vital para si mesmo
> é superado unicamente pelo seu talento em destruí-lo."
>
> GEORG CHRISTOPH LICHTENBERG,
> filósofo e matemático alemão, 1742-1799

13.4 O consumismo e o canto da sereia

Os seres humanos são moldados por complexos sistemas culturais e passam a perceber e a agir de acordo com sua cultura. Assim, normas, símbolos valores, tradições, instituições, crenças e costumes fazem com que seus hábitos, atitudes, decisões e ações passem a ser consideradas como "naturais". Transformam-se em paradigmas – como as pessoas percebem e agem no mundo.

Dessa forma, é "natural" queimar florestas, degolar animais, desmatar, poluir rios, consumir combustíveis fósseis, andar de carro e de avião, aterrar nascentes, derrubar florestas, usar produtos descartáveis, desperdiçar, comprar muitas coisas, descartar essas coisas por aí, entre outros.

O paradigma atual é centrado no consumismo, e os padrões criados estão se tornando cada vez mais parecidos mesmo em culturas diferentes. Uma parcela crescente das pessoas no mundo deseja as mesmas coisas, do mesmo modo, ou seja, compram mais carros, consomem cada vez mais combustíveis fósseis, comem mais carne e convertem mais florestas em áreas agropecuárias e/ou urbanas.

Ocorre que esses níveis excessivos de consumo já excederam a capacidade de regeneração dos sistemas naturais. Algo como retirar 130 litros de água por minuto de um poço que só regenera 100 litros nesse espaço de tempo. Todos já sabem que isso não vai dar certo, mas não há como parar de fazê-lo, pois precisam da água e não querem acreditar que a escassez prenunciada possa realmente acontecer.

Neste momento, 7 bilhões de pessoas (logo, 8, 9 etc.) estão agindo dessa forma, acreditando que aqueles 130 litros serão supridos de alguma maneira e que podem até aumentar o seu consumo para 140, 150, 180 litros por minuto.

Dessa forma, as mazelas derivadas da degradação ambiental e da mudança climática – secas, inundações, pragas, erosão, pandemias de obesidade, angústia, estresse, pressão alta, diabetes, câncer, depressão e outros componentes do coquetel de desgraças individuais e coletivas –, são consequências diretas do vasto portfólio do estilo de vida centrado no consumismo. E tais problemas são tratados separadamente.

Criou-se uma sociedade cujas aspirações de muitas pessoas, sonhos, desejos, emoções, satisfação, prazer, *status* e reconhecimento só se processam por meio do consumo.

Pedir (ou exigir) que as pessoas dessa sociedade de consumo abram mão do seu consumo, como diz Assadourian (2011), é o mesmo que pedir que parem de respirar. Conseguem por alguns instantes, mas logo em seguida inalarão o ar novamente, com sofreguidão.

> "A única ambição universal do homem é passar a vida inteira colhendo o máximo daquilo que nunca plantou."
>
> ADAM SMITH, economista escocês

Ninguém vai abrir mão do consumo facilmente. Não se muda uma cultura de uma hora para outra. É trabalho de décadas. Às vezes, séculos.

Será necessário um novo arcabouço cultural centrado na sustentabilidade para nos desviarmos de uma rota de colisão e, para isso, vamos precisar mais do que tecnologias, inovações e políticas. Será necessário redirecionar as instituições que configuram a cultura: governo, empresas, mídia, educação, movimentos sociais e tradições sustentáveis. Convenhamos, não será fácil, nem rápido. E nem mesmo sabemos se é possível (ou se podemos ou queremos fazer isso).

Como abrir mão de algo que dá prazer, reconhecimento e satisfação, e ainda é o sustentáculo da economia mundializada?

O quadro se torna mais complexo quando achamos que podemos resolver essa questão com pequenas intervenções superficiais. Reciclagem e engenharias outras tantas ambientais, por exemplo.

Masanobu Taniguchi, no seu livro O caminho da paz pela fé acentua que há a tendência de se acreditar que os problemas ambientais possam ser solucionados caso se "administre" bem o meio ambiente, "mesmo que não ocorram grandes mudanças na mentalidade e no modelo de viver dos seres humanos". E continua:

> [...] o tecnocentrismo considera o ambiente natural um "instrumento" para o homem viver e que, utilizando habilmente a tecnologia, que é outro instrumento, seja possível solucionar essa questão (p. 206).

Tentar resolver os problemas gerados por tecnologias que geraram dependências, com mais tecnologias, é uma impossibilidade. Não se resolve a obesidade apenas aumentando o tamanho das roupas. Ou o alcoolismo, com mais um gole.

Tem-se que se migrar da condição de uma sociedade do crescimento (onde tudo tem que ser agora, e *sempre cada vez mais*) paradigmada no vício do consumismo como sinal de sucesso, para uma condição de sociedade da sustentabilidade.

Somos encorajados o tempo todo para comprarmos novos produtos, pois o que temos já não serve mais. Então só seremos felizes se comprarmos o modelo novo. Assim, trabalha-se mais e mais, e à noite, diante da TV, nos dizem que o que acabamos de comprar já não serve mais. E começa tudo de novo.

Induzidos a comer e a beber em excesso, alimentamos uma indústria monumental de dietas, academias, medicamentos, tratamentos, clínicas, hospitais, tecnologia médica, exames etc. (a doença é necessária para alimentar os negócios).

Transformaram os seres humanos em simples unidades de competição e consumo. Se não consumimos não somos felizes, não teremos *status* (sic), não seremos "reconhecidos". A mídia nos mantém em estado perpétuo de novos desejos que nunca serão saciados. Como uma esponja espremida e depois jogada na água, novamente (ou tentar saciar a sede com água do mar).

Não se conhece a dimensão desse desafio. Suas bordas são desconhecidas, impalpáveis e tremendamente variáveis.

> "Penso que não ter necessidade é coisa divina e ter as menores necessidades possíveis é o que mais se aproxima do divino."
>
> SÓCRATES, 470 a.C.

Por sermos tão autocentrados e vivermos numa **egocracia** retumbante e avassaladora, ou podemos ser levados ao niilismo (redução a nada, aniquilação como forma de recomeçar melhor) ou simplesmente ignorarmos a situação, pois temos demonstrado, até agora, que *não vamos mudar coisa alguma*.

Ocorre que ignorar a situação não significa que os problemas deixarão de existir.

As armadilhas foram todas montadas e a maior parte da humanidade caiu nelas. Mas acredita que não.

13.4.1 Estamos em fase de negação

Em seu trabalho *Espiritualidade verde* Albert Lachance afirma:

> [...] patologias consumistas [...] destruição dos sistemas de vida da Terra não só se constituem como modelos aceitáveis dos comportamentos humanos, mas são também necessárias para o perfeito funcionamento de nossas instituições sociais e econômicas (p. 14).

E acrescenta que estamos vivendo aquela fase na qual o viciado acha que pode deixar o vício a qualquer hora – a fase de negação.

Negamos tudo. Negamos para fugirmos da realidade. Negamos que não vivemos uma vida saudável. Negamos que não temos mais tempo para coisa alguma, que estamos vivendo uma sociedade que ninguém gostaria de ter gerado, que nunca teremos tempo para ler aquele livro, ou aprender a tocar violão, visitar aquele amigo, plantar aquela árvore frutífera ou fazer aquela viagem.

Tudo vai virando uma grande impossibilidade diante do que precisamos para pagar a fatura do cartão de crédito, quitar carnês e pagar impostos, em uma escalada que termina nunca.

E assim continuamos, na ilusão da espera: espera da aposentadoria, espera de ganhar na loteria, de encontrar algo especial, de que vamos conseguir materializar aquelas ilusões mantidas no baú das esperanças, lacrado pelos compromissos infindáveis e continuamente renovados e aumentados. A meta é ter mais metas.

E assim continuamos com os olhos disfarçadamente persianados para a nossa realidade, e vamos destruindo o local onde vivemos, para manter a maluquice instalada por uns tantos.

E daí delegamos. Delegamos aos outros, aos ambientalistas, aos políticos, aos jornalistas, e covardemente à escola, aos professores e às crianças.

Um dos maiores argumentos para sustentar a destruição é que as pessoas precisam de empregos, mesmo que tais empregos estejam detonando tudo. Que é o "progresso", incontestável, inevitável e absoluto em sua condição única de suprir sobrevivência e felicidade para as pessoas.

E dessa forma criamos um círculo vicioso cuja quebra não vai gerar ferimentos que possam ser tratados com mertiolate e *band-aid*.

Roteiro do problema

Quanto mais gente, mais preciso gerar emprego.
Para gerar emprego tenho que produzir mais coisas.
Essas coisas precisam ser consumidas para que se possa manter a produção.
Para produzir preciso de mais pressão sobre os recursos naturais.
Assim consumo mais energia, água e matéria-prima.
No processo de produção poluo o ar, contamino a água e o solo.
Ao gerar mais degradação ambiental, reduzo a qualidade de vida.
Tenho menos sustentabilidade, e a população continua crescendo.
Daí, tenho que gerar mais emprego... e começa tudo de novo.

Mas, cuidado! Não vá o leitor pensar que é o crescimento da população o culpado de tudo. É óbvio que é um agravante. No entanto, são os padrões de produção e consumo dessa população que vão determinar a pressão que se põe ao planeta e às condições de vida sobre ele (essa discussão é mais velha do que a estrada).

Porém, uma coisa é certa: não dá para continuar aumentando o consumo e acrescentando 78 milhões de novas bocas a cada ano,[11] à superfície do combalido planeta, como estamos fazendo. Mas quem e como vai dizer a esse povo para reduzir o consumo e diminuir a reprodução?

Todas as tentativas de domar o crescimento da população falharam. E feio.

Então, como dizem Mann e Kump (2008), mais pessoas, menos água, menos comida e 1,3 bilhão de pessoas com fome.

Para termos chegado a esse ponto de impasse, podemos inferir que tudo falhou. Nossos equipamentos, penduricalhos e tradições religiosas e culturais falharam, inclusive de forma obtusa.

É óbvio que a Terra, em sua harmonia, deveria ser a nossa primeira referência, o nosso cuidado constante, pois sem isso, nada mais funcionaria.

E não existimos na forma material sem esse substrato (planeta vivo). Vivemos intrinsecamente numa **Geocracia**. É uma relação uterina, indisfarçável, inegável, absoluta. Mas somos levados, pela cultura, a não percebermos, ou crermos nisso.

Estamos centrados em NÓS, e achamos que não temos nada a ver com o planeta. Ele é inexaurível, e apenas um punhado de montanhas com rios e florestas que estão aí para explorarmos. Somos o dono de tudo. Passamos papel em cartórios dizendo que esse pedaço é meu. O resto que se dane.

> "A origem da infelicidade humana está em sua ignorância sobre a natureza."
>
> PAUL HENRY THIRY D'HOLBACH, *The system of nature*

---

[11] Em média, no mundo, nascem 213 mil pessoas a cada dia; ou 8.900 a cada hora; 148 a cada minuto.

Assim, fomos incapazes de detectar, apreender, processar e propor novas opções. Permitiu-se que se criasse uma sociedade doente, demente, omissa, acomodada e medrosa. Permitiu-se que as pessoas começassem a morrer nas tragédias das chuvas ou na fome das secas, na catástrofe das drogas pelos vazios do mundo, ou na sandice suicida dos acidentes automobilísticos e envenenamentos do ar, da água e dos alimentos, mergulhando todos na possibilidade do câncer, da depressão, da descrença e da estupefação diante da mutilante estupidez humana.

E, diante disso, a chamada "crise ambiental" se dilui e termina-se não percebendo que ela é o resultado mais brutal da nossa ignorância.

E o que podemos fazer? É a pergunta mais frequente. As pessoas ficam esperando um manual de instruções.

13.4.2 O manual de instruções esperado

O manual de instrução para a sobrevivência e bem-estar comum já vem com a pessoa ao nascer. Está acoplado ao seu patrimônio genético e se completa com os estímulos da sua cultura e berço.

As informações mais cruciais e determinantes estão disponíveis para todos em um *locus* especial chamado consciência.

Assim, a "listagem" do que é certo ou errado, do que precisamos fazer ou deixar de fazer, todos nós já conhecemos.

Incluiu-se nessa listagem o que precisamos fazer em nossa relação com o ambiente. As peças desse rosário foram sendo enfiadas a cada agressão ambiental, a cada notícia contrariante, a cada ato humano contra a vida.

As opções aos desafios já foram apresentadas. No fundo, dentro de cada um, já existe subjacente essa informação. Já sabemos que não podemos continuar com essa maluquice. Mas há indicações de que as pessoas ou não podem ou não querem mudar coisa alguma.

Apresentam-se, a seguir, *alguns componentes* dessa listagem (em ordem aleatória, sem qualquer intenção de prioridade).

- ◊ termina a Era da Expansão e inicia-se a Era da Conservação;
- ◊ criam-se as legislações ambientais de 3ª geração;

- os Direitos Humanos são reconhecidos; os Direitos dos animais silvestres, também;
- instala-se a certificação para políticos e, posteriormente, implanta-se a Meritocracia;
- desenvolve-se a consciência ambiental e planetária;
- são implantadas medidas de adaptação e mitigação para garantir a gestão sustentável das florestas (Reed);[12]
- implantam-se estruturas protetoras para que as populações vulneráveis não sejam afetadas pelas inevitáveis mudanças climáticas;
- estabelece-se o Tribunal Internacional de Justiça Climática; as metas e a emissão são estabelecidas, monitoradas e cumpridas;
- mecanismos de desenvolvimento limpo são socializados; ocorre transferência de tecnologias entre os povos;
- estabelecem-se as melhores opções tecnológicas e estabelecem-se políticas conjuntas de pesquisas para desenvolvê-las;
- a área ambiental cria 20 milhões de novos empregos; novas tecnologias livram o mundo das fontes mais sujas de energia (carbono: carvão, óleo etc.); aumentam os investimentos em geração solar, eólica, geotérmica, biocombustíveis e outras formas de energias limpas;
- a maior parte das residências e dos escritórios produz a sua própria energia;
- inicia-se a Revolução Agroambiental;
- as religiões finalmente assumem o seu papel de difusão das práticas ecológicas;
- 50% dos continentes são transformados em Unidades de Conservação; as UCs se multiplicam em todos os municípios;
- indústrias desenvolvem planos reais de sustentabilidade; aumenta a convergência entre as boas práticas socioambientais corporativas e a rentabilidade das empresas (as mais rentáveis são as melhores em gestão ambiental);
- as bolsas estabelecem índices de sustentabilidade ambiental e estimulam mercados responsáveis;

---

12 Mecanismo de redução das emissões por desmatamento e degradação florestal.

- as emissões de carbono são monitoradas e avaliadas transnacionalmente;
- os recursos das florestas tropicais são explorados sustentavelmente, em áreas restritas; povos da floresta são preservados; fundo internacional ajuda a preservar a maior parte das florestas consideradas áreas estratégicas de sustentação da vida;
- o desmatamento e as queimadas não são mais praticados; considera-se crime hediondo, atentado contra a vida coletiva;
- estabelece-se uma economia de baixo carbono;
- o consumo consciente exige produtos com certificação ambiental, a exemplo de madeira e outros; as mudanças na percepção e atitudes do consumidor foram essenciais para as mudanças nas práticas ambientais das corporações;
- as cidades passam a criar parques ao longo dos seus rios, em vez de os enterrarem sob concreto; há 70 m² de área verde para cada habitante urbano; inicia-se o PERÍODO ECOZOICO;
- as pessoas trabalham mais próximas de suas casas e há maior ênfase em transporte coletivo do que individual;
- as mini-hidrelétricas enterram as ideias de construção das mega-hidrelétricas;
- o ecoturismo é uma das atividades mais intensificadas;
- os animais da Terra são respeitados (além dos animais de estimação) e seus habitats são preservados; a sua liberdade é um direito;
- todos os setores da produção evoluem seus processos: mineração, construção civil (substituição do trinômio cimento-alvenaria-água) entre outros;
- setores ambientais dos bancos catalisam a sua evolução na percepção e no financiamento de negócios sustentáveis;
- a análise da cadeia produtiva reduz os impactos ambientais das empresas; repensam e replanejam o que produzem, como produzem e o que fazem após o consumo;
- o processo de educação é renovado e objetiva o desenvolvimento não apenas intelectual-cognitivo, mas emotivo e espiritual;
- inicia-se a era da moderação, da frugalidade e da simplicidade;

- estabiliza-se a população;
- inicia-se uma nova ética civilizatória baseada na sustentabilidade.

(Que o leitor configure melhor essa listagem, adicionando, modificando ou eliminando itens.)

Mas...

QUEM vai executar isso? COMO vai ser executado? QUANDO e com quais recursos?

Há indícios de que ninguém vai abrir mão das suas coisas, crenças, sonhos, desejos e ilusões prontamente ameaçados por essa listagem. Afinal, criou-se uma cultura antivida, onde predomina o egoísmo. Em vez do Período ECOzoico, temos o Período EGOzoico.

Tem sido assim ao longo da história humana e parece que ainda não atingimos um grau de evolução perceptiva ao ponto de mudarmos esses comportamentos desestabilizadores da harmonia e da sustentabilidade.

Logo, provavelmente vamos continuar construindo e alimentando vigorosamente cenários de crescente desconforto socioambiental.

Então, vamos a mais conflitos!

13.4.3 Gestação de conflitos: pedra cantada

Na atualidade, a gestação dos conflitos e dos sufocos ocorre no ventre do consumismo, do imediatismo, da ganância e do analfabetismo ambiental, entre outros.

Com esse portfólio suicida estamos forçando a Terra a mudar mais rápido do que podemos nos adaptar às suas mudanças.

Assim, chove mais e mais rápido; ou deixa de chover por um tempo maior. Ou ainda aumenta a sua temperatura, ou reduz bruscamente. Altera seus ventos, populações de fungos, vírus. Enfim, joga seus dados no novo jogo dos autoajustamentos.

E alguns de nós, ingênua e injustamente, dizemos ser uma "vingança".[13] Ora! Os sistemas vivos não são dotados dessas emoções mesquinhas. Apenas se ajustam para neutralizar as perturbações e buscam o equilíbrio dinâmico em outras conformações sistêmicas menos dispendiosas. Apenas isso.

---

13 A despeito da imbecilidade e ignorância do adágio "Deus perdoa sempre; os homens, às vezes; a natureza, nunca".

Não temos tido a força moral para mudarmos as coisas. O leme está travado nas mãos do dinheiro, do valor econômico, o único e absoluto eleito pelo ser humano e defendido a qualquer custo.

Em seu nome, o ser humano testemunha massacres em massa, genocídios nos hospitais, no trânsito, nas inundações e nos deslizamentos de terra, no reaparecimento de várias doenças anteriormente controladas, na violência e no extermínio de enormes contingentes pelo bilionário cartel das drogas.

Como dissemos, a mudança climática é apenas um dos desafios que a humanidade enfrenta. Porém, é como uma viga poderosa, sem a qual uma estrutura não se sustenta. E fazemos de tudo para corroê-la. E estamos tendo "sucesso".

Interesses corporativos calam qualquer tentativa de mudança séria. Permitem-se algumas iniciativas cosméticas, porém, mudanças significativas são podadas, utilizando-se os mais diversos meios que vão da corrupção à coerção política; da contrapropaganda à truculência propriamente dita.

O caso a seguir exemplifica essa situação.

13.4.4 Consumismo e mudança climática: o caso de Brasília

Brasília foi projetada para 500 mil habitantes no plano romântico de Lúcio Costa. Pela seriedade, comprometimento e idealismo da época, não poderia imaginar as transformações ali processadas ao longo das décadas, notadamente na dimensão amoral. Agora abriga 2 milhões de viventes, rodeados de outros tantos em seu entorno caoticamente povoado.

Há deficiências e colapsos de toda ordem, mas particularmente no transporte. Talvez o pior de todas as capitais.

Além de uma frota insuficiente, sucateada e operada de modo displicente e irresponsável, as pessoas ficam a mercê de um grupo restrito de empresários que monopoliza o setor desde os anos 1970.

Os investimentos na área, quando não inexistentes, são irrisórios. Essa situação vem se arrastando há mais de quatro décadas.

A população, então, se torna presa fácil de uma armadilha: adquirir o transporte particular, ou seja, comprar um carro (e quando faz isso, transfere para si um ônus que seria do Estado, como já dissemos).

Daí, atraídas por crédito fácil, prazos quilométricos e anestesiados pelas inteligentes e milionárias campanhas publicitárias – que explora principalmente a vaidade, a demonstração de *status* e poder –, foram comprados 7 mil carros por mês e elevaram a frota do Distrito Federal para 1 milhão e 300 mil veículos em pouco tempo.

O resultado foi a infernalização do trânsito. O que antes era orgulho dos brasilienses – podia-se ir de um ponto a outro da cidade em pouco tempo – transformou-se em pesadelo. A cidade passou a sofrer o mesmo de outras cidades não planejadas. Horas perdidas em engarrafamentos, regados à poluição, nervosismo, impaciência (desgaste da tradicional polidez dos(as)motoristas candangos) e violência. Resumindo, perda da qualidade de vida.

Outro resultado disso foi o aumento vertiginoso de emissão de gases estufa pela frota de veículos.

Por meio do Laboratório de Planejamento e Gestão Ambiental da Universidade Católica de Brasília (Pró-Reitoria de Pós-graduação e Pesquisa/ Mestrado em Planejamento e Gestão Ambiental) conduzimos uma pesquisa e estimamos a emissão total daqueles gases e a respectiva área de florestas que seria necessária para absorvê-la, em um ano.

A conclusão a que chegamos foi: teria-se que plantar árvores em uma superfície duas vezes maior do que a área do Distrito Federal! Como isso não é feito, as emissões vão se juntar, na atmosfera, às emissões de outras cidades que devem estar fazendo o mesmo.

Esse é um exemplo típico de atitudes que se repetem no mundo. Resolvo o meu problema. Se criar outros, não os vejo, transfiro-os.

Imputou-se aos cidadãos o ônus, a culpa e a punição. Sem transporte público confiável e confortável, quem vai abrir mão do conforto, da autonomia, do *status*, segurança e outros? Não há opção. Bicicleta? As distâncias, em Brasília, são enormes. As ciclovias são apenas cosméticas, como na maioria das outras cidades.

Na outra ponta do processo, nenhuma concessionária de veículos está preocupada com os transtornos causados pelas vendas gigantescas. Nenhuma marca de veículos expressa sua responsabilidade nesse processo. A preocupação é com as vendas.

As pessoas são capturadas por uma rede de interesses econômicos e passam a alimentar setores diversos, como os de autopeças, combustíveis, pneus, ferro, aço, vidro, plásticos, componentes eletrônicos, autoescolas, Detrans (taxas, principalmente), sinalização, construção civil (pistas, viadutos, túneis), seguros, oficinas, publicidade, projetistas e outros.

Outro aspecto é a subutilização do potencial de transporte individual. Em Brasília, 85% dos veículos circulam apenas com o motorista.

Além disso, as novas tecnologias incorporadas aos veículos e aos combustíveis, que os tornam menos poluidores, logo têm os seus efeitos superados pelo crescimento vertiginoso da frota.

Então, resumindo, a situação é a seguinte: um grupo restrito de pessoas lucra muito e reúne fortunas obscenas. Enquanto isso, o povo se enche de dívidas, paga carnês intermináveis, impostos inúteis e compromete o seu orçamento; perde horas de sua vida no trânsito estressante, não tem onde estacionar e paga taxas extorsivas para não ser roubado; polui o ar e contribui para mudar o clima e infernizar a vida de todos.

Como chegamos a essa idiotice coletiva, a essa letargia, a esse entorpecimento grupal?

As pessoas não reagem. No conforto dos seus carros são narcotizadas pelos seus ipods fabulosos, isolados dos cenários do mundo no seu bunker móvel.

Na outra ponta, impressiona a aceitação de pessoas espremidas, dependuradas em ônibus indecentemente aos pedaços, galés contemporâneos, circulando nas madrugadas das cidades, exibindo, através de suas vidraças imundas, as suas faces exauridas, humilhadas, vilipendiadas, desprezadas e aviltadas na sua dignidade.

Obviamente, essa narração não expressa uma exclusividade de Brasília: essa é uma situação que está replicada e pode ser encontrada em várias cidades do mundo.

13.5 Mudança climática: a palavra sincera de 42 países

A incrível capacidade de sobrevivência dos seres humanos permitiu que continuassem a sua escalada evolucionária, a despeito das pestes bubônicas, gripes pandêmicas, convulsões do planeta – terremotos, erupções vulcânicas, tsunamis e mais –, intermináveis guerras religiosas e etnopolíticas.

Entretanto, reconhece-se que a mudança climática global representa o maior desafio adaptacional jamais enfrentado pela espécie humana. Principalmente por percepções como essa:

> "As crises primeiro têm que ficar realmente grandes para que sejam então resolvidas."
>
> JOSÉ ALEXANDRE SCHEINKMAN,
> chefe do Dep. de Economia da Universidade de Chicago

13.5.1 O embate e o emboque

Agora o embate e o emboque ocorrem em outro patamar: as bases de sustentação da vida estão sendo anarquizadas, fragmentadas, soterradas, queimadas, envenenadas, consumidas e desperdiçadas por meio de padrões de produção e consumo absolutamente insustentáveis, conduzidos por 7 bilhões (em breve 8) de bocas humanas que não param de crescer e aumentar a cada dia o seu apetite voraz e insaciável por mais água, energia, florestas, metais, carne e espaço.

Nesse portfólio de pilhagem dos recursos naturais, os incêndios florestais se incluem entre as ações mais estúpidas já promovidas pelos seres humanos, a despeito de já serem conhecidas as suas funestas e sistêmicas consequências.

Dentre tais, como já foi visto, destaca-se o aumento da concentração de gases de efeito estufa na atmosfera e o consequente agravamento dos cenários descritos devido à mudança climática global, devido à sua ligação direta com os abalos causados na segurança hídrica e alimentar, com reflexos diretos no aumento da vulnerabilidade social.

13.5.2 O evento reunindo 19 países nos EUA

Buscando reunir pessoas de várias partes do mundo para apresentar, discutir, refletir e formar redes de cooperação sobre a temática dos incêndios florestais e mudança climática, e sobre o manejo de recursos naturais em condições de mudança climática, com ênfase em mitigação, adaptação e vulnerabilidades socioambientais. O US Forest Service, por meio do seu Programa Internacional, promoveu em Washington (DC) e Davis (Califórnia) um Seminário Internacional sobre Mudança Climática e Manejo de Recursos Naturais (2011 *International Seminar on Climate Change and Natural Resources Management*), de 8 a 29 de maio de 2011.

Assim, representantes de 19 países (Armênia, Brasil,[14] Bulgária, Camboia, Cameroon, Colômbia, Equador, Etiópia, Georgia, Guiana, Indonésia, Jordânia, Malawi, México, Mongólia, Peru, Quênia, Ruanda e Tailândia) compartilharam suas experiências e conheceram o trabalho de várias instituições dos Estados Unidos ligadas à temática.[15]

Os trabalhos foram conduzidos por:

- Alex Moad, US Forest Service – International Programs.
- Rima Eid, US Forest Service – International Programs.
- Scott Loomis, Training Resources Group (TRG).
- Karen Beardsley, Information Center for the Environment, UC Davis.
- Jim Quinn, Information Center for the Environment, UC Davis.
- Mary Madison Campbell, Information Center for the Environment, UC Davis.
- Marissa Fresquez, Information Center for the Environment, UC Davis.
- Kevin Ward, Information Center for the Environment, UC Davis.

Durante três semanas o seminário focalizou três elementos temáticos:

1. Impactos da mudança climática (o que está acontecendo?)

Abordaram-se: as futuras mudanças esperadas para os processos dos ecossistemas, estrutura das florestas, distribuição de espécies e outros; interação entre mudança climática, suprimento de água e incêndios florestais; cenarização de mudanças e outros impactos previstos da mudança climática sobre habitats, agricultura e espécies raras; planejamento e operação de redes de monitoramento regional de estações meteorológicas.

---

14 O Brasil foi representado pelo autor.

15 A lista dos participantes está nos Anexos.

2. Adaptação e mitigação da mudança climática (o que podemos fazer?)

Apresentaram-se práticas de manejo de recursos naturais sob condições de mudança climática, para minimizar impactos e apoiar iniciativas de sequestro de carbono em sistemas naturais; foram explorados métodos de campo e tecnologias para avaliar o impacto da mudança climática e os resultados das medidas de manejo adotadas; técnicas de manejo de uso do solo para minimizar riscos ambientais em face da mudança climática, estoque de água e risco de fogo; mecanismos para a conservação e aumento do sequestro de carbono no contexto do potencial mercado futuro de carbono e programas Reed.

3. Estratégias comunitárias e institucionais para enfrentar a mudança climática (como faremos?)

Os participantes discutiram como as instituições podem se preparar para enfrentar os desafios da mudança climática. Tópicos incluíram a identificação de oportunidades de financiamento e a identificação das informações sociais, econômicas e ambientais necessárias para apoiar decisões.

O ponto forte do seminário foi aprender uns com os outros. Aos participantes das 19 nações foi solicitada uma apresentação sucinta sobre o seu país, relatando os principais problemas ligados à mudança climática e quais os encaminhamentos em curso.

Foi possível perceber os transtornos sociais, econômicos e ecológicos que as mudanças climáticas já estão impondo às suas comunidades. Relatos de secas, frustração de safras, inundações, destruição de infraestrutura e perdas de vidas humanas, entre outras.

13.5.3 O evento reunindo 23 países no Brasil

Neste mesmo ano, o Prevfogo – Centro Nacional de Prevenção e Combate a Incêndios Florestais do Ibama; o Instituto Brasileiro do Meio Ambiente e dos Recursos Naturais Renováveis; e a ABC – Agência Brasileira de Cooperação, sob coordenação de Genebaldo Freire Dias, promoveram o I *Curso Internacional sobre Mudanças Climáticas Globais, Queimadas e Incêndios Florestais*, de 26 a 30 de setembro de 2011, em Brasília, DF.

Foto 27. Participantes do Seminário Internacional Sobre Mudança Climática e Manejo de Recursos Naturais, São Francisco, EUA, 8 a 29 de maio de 2011 (o autor, acima, de braços abertos).

O curso teve como objetivo informar e sensibilizar sobre as causas e consequências das queimadas e incêndios florestais, focalizando suas contribuições ao agravamento dos cenários e desafios da mudança climática global (segurança climática, hídrica, alimentar e vulnerabilidade social) e as alternativas de soluções.

Abordaram-se os temas da adaptação e mitigação, gestão de conflitos e elaboração de planos de ação baseado na construção de plataformas de análise sistêmica.

A metodologia centralizou-se na partilha: todos ensinam/aprendem/apreendem de todos.

Estiveram presentes 30 profissionais de 23 países da América do Sul, América do Norte, América Central, África e Ásia, representantes de instituições governamentais ambientalistas, com formação acadêmica de alta qualificação (mestrado e doutorado).

Foto 28. *Participantes do curso, em Brasília.*

Participaram representantes de Antigua e Barbuda, Argélia, Bolívia, Cabo Verde (2 representantes), Cuba (2), Egito, Gabão, Guiné-Bissau (2), Jamaica, Líbano, Moçambique (2), Peru, Quirguiz (Kyrgyzstan), República Dominicana, Ruanda, São Tomé e Príncipe (2), Seichelles (2), Sri Lanka, Tanzânia, Tunísia, Vietnã e Zimbábue.[16]

A cada representante, por país – a exemplo do evento promovido pelo US *Forest Service* –, foi solicitada uma apresentação sucinta sobre os principais problemas enfrentados em decorrência da mudança climática, e de que forma a questão está sendo gerenciada.

13.5.4 Resumo do resumo dos relatos

Os resultados desse grupo (19 países) foram semelhantes aos do primeiro grupo (23 países). Nessa amostra de 42 países (20% dos 203 países

---

16 A listagem dos participantes de ambos os seminários está nos Anexos.

reconhecidos do mundo) pôde-se obter um recorte significativo das aflições decorrentes da mudança climática.

A legitimidade das narrações é incontestável, pois foram feitas por pessoas que já experimentam as consequências no cotidiano. Não foram revelações de um jornal, revista ou reportagem apressada e superficial de uma rede de televisão.

Resumindo: a mudança climática está agravando de forma brutal as privações que muitos povos já sofrem. São bilhões de pessoas que não têm acesso à água potável e à alimentação. Estamos falando de fome e aflição, humilhação e desesperança.

Não se trata mais das possibilidades aventadas no discurso aflito de ambientalistas – essa figura execrada, dilacerada pela sociedade de consumo –, mas, sim, de dramas cruéis e aviltantes, que apodrecem as raízes do presente e projetam escuridões que embargam a visão do que nos espera, a menos que se consolidem as medidas de mitigação e adaptação propostas, como forma de abrandar o sofrimento.

Nos relatos dos 42 países ficou patente o emboque causado pela fragilidade de governança. As dificuldades são praticamente as mesmas, em todos eles: máfia política, corrupção, ignorância, analfabetismo ambiental, manipulação da informação, pobreza crônica, descontinuidade de planos, programas e projetos ou falta destes e uma presença constante e insidiosa de perda de qualidade de vida gestada pela falta de ética e desrespeito aos valores humanos essenciais à equidade, ao respeito e à dignidade entre as pessoas.

É claro que, em alguns países, por possuírem mais recursos, pôde se constatar alguns avanços, porém, na maioria, a situação é pungente, dolorosa e inaceitável.

O portfólio de desgraças é compartilhado. Experimentam em suas vidas as constantes inundações com deslizamentos de terra e soterramento de casas, famílias e sonhos. As secas prolongadas dizimam safras, gado e pequenos animais, impondo fome, desespero e interrogações. Os relatos se derramam em desordem urbana, anarquia sanitária e descaso educacional.

Os ajustes climáticos potencializam as deficiências do Estado, as consequências da ignorância da sociedade e o oportunismo dos que se locupletam por meio do poder político, sugando recursos que seriam aplicados em obras de adaptação ou mitigação.

Os relatos feitos pelos 42 representantes de países que tivemos a oportunidade de acompanhar pareciam ter saído de um molde comum. Algo bem fractal[17] e de uma crueza inflamada.

Há, portanto, pelo menos dois desafios bem configurados. O primeiro, de fundo moral. O segundo, de fundo cognitivo-perceptivo, localizado na necessidade de abordagens sistêmicas.

Caem nessas páginas, duas citações travessas e uma carta reveladora:

> [...] a fim de que a moral possa arejar continuamente a consciência.
>
> MACHADO DE ASSIS, *Memórias póstumas de Brás Cubas*

> O verdadeiro problema subjacente à nossa crise de ideias: a maioria dos intelectuais que constituem o mundo acadêmico subscrever percepções estreitas da realidade, as quais são inadequadas para enfrentar os principais problemas do nosso tempo. [...] Esses problemas são sistêmicos [...] estão intimamente interligados e são interdependentes. Não podem ser entendidos no âmbito da metodologia fragmentada que é característica de nossas disciplinas acadêmicas e de nossos organismos governamentais. Tal abordagem não resolverá nenhuma de nossas dificuldades, limitar-se-á a transferi-las de um lugar para o outro na complexa rede de relações sociais e ecológicas.
>
> FRITJOF CAPRA, *O ponto de mutação*.

Uma coisa boa: esses dois encontros fomentaram a interligação de muitos países e organizações em redes de cooperação, promovendo transferências de tecnologia e conhecimentos.

Intercâmbios dessa natureza promovem processos poderosos de sinergias e sinalizam para os caminhos que a sociedade humana tem que seguir se quiser se orientar para rotas mais seguras de existência e evolução.

Esses dois exemplos de cooperação dos Estados Unidos e do Brasil deveriam ser seguidos.

---

17 Autossemelhantes.

13.5.5 A carta dos atingidos por desastres climáticos no Brasil

Reproduz-se, a seguir, na íntegra, sem qualquer correção, uma carta-documento importante e contundente gerada no *Fórum sobre Mudança Climática e Justiça Social*, promovido prela CNBB.

CARTA DOS ATINGIDOS POR DESASTRES CLIMÁTICOS AO POVO BRASILEIRO

Nos dias 10 a 12 de setembro de 2011, nos reunimos em Brasília, Distrito Federal, para discutir as questões relacionadas aos desastres causados por eventos climáticos extremos que sofremos na pele em várias regiões do Brasil nos últimos anos. Foram enchentes, deslizamentos de terra, secas, tornados, chuvas de granizo, trombas d'água, mudança das marés, assoreamento de rios. Muitas pessoas morreram e muitos perderam tudo o que tinham na vida: suas casas, seus familiares e o fruto de seu trabalho. Esses eventos extremos são causados pela má utilização do solo, da água e do ar, emissão de gases causadores do aquecimento global, desmatamento das florestas, dos mangues e das matas ciliares dos rios e nascentes, uso de agrotóxicos e fertilizantes químicos, queimadas, construção de grandes barragens hidrelétricas e usinas nucleares, falta de manejo adequado do lixo, poluição por resíduos domésticos e industriais, carcinicultura, monocultura em todas as suas espécies, como soja, eucalipto, pinus, cana e pecuária, e por fim, por um modelo de desenvolvimento que visa o lucro acima de tudo, sem considerar as consequências para as vidas que são colocadas em risco pelas atividades que agridem o meio ambiente.

Sabemos que os verdadeiros causadores dos fatores que levam aos desastres são as grandes indústrias, a produção e o uso de combustíveis fósseis, o agronegócio e as multinacionais, todas em sua busca irresponsável por produtividade e lucro, o Governo Brasileiro que não prioriza a sustentabilidade em suas políticas públicas e que, além de permitir, incentiva em todas as suas instâncias financeiramente as atividades destruidoras do meio ambiente. E, por fim, os países ricos, grandes causadores das emissões de gases e que não aceitam reduzir suas emissões para evitar o agravamento do aquecimento do planeta.

No entanto, quem sofre as consequências somos nós. Nas áreas vulneráveis os governos tratam a questão com descaso. As políticas de defesa civil não são implementadas, os sistemas de alerta de desastres não funcionam, os governantes usam de forma demagógica o sofrimento das pessoas, e quando os desastres acontecem, a maior parte dos recursos públicos enviados para as comunidades não chegam aos necessitados. Até mesmo parte das doações enviadas por solidários de todos os cantos do país e do mundo são desviadas por autoridades corruptas e desalmadas.

Agradecemos de todo o coração a solidariedade enviada pelas boas pessoas espalhadas pelo Brasil e pelo mundo que se sensibilizaram perante o nosso sofrimento enviando donativos que, quando chegaram a nós, ajudaram a amenizar as nossas dores e a aquecer os nossos corações, renovando as nossas esperanças naquele momento angustiante de tão grandes perdas.

Pedimos à sociedade que se una a nós no esforço de buscar alternativas que evitem que milhares de outras famílias venham a sofrer as dores que sentimos e que ainda estamos sentindo, pelas consequências dos desastres que nos atingiram. É preciso seriedade dos 3 níveis de poder no tratamento da questão ambiental. Precisamos também reduzir as emissões de gases que provocam o aquecimento global interferindo no clima e causando os eventos extremos. Precisamos mudar o modelo de desenvolvimento, baseado no consumo desenfreado, e buscar alternativas que objetivem a sustentabilidade e a racionalidade na produção e no consumo de produtos e ainda na geração de energia, buscando uma relação harmônica com a natureza. Precisamos praticar o bem-viver. Precisamos que a sociedade se una a nós na criação de um movimento nacional que dê o passo seguinte nessa luta. Pressione os governos para criar políticas públicas que reduzam a vulnerabilidade das comunidades, aumentem as instâncias de participação popular, implementem sistemas de prevenção, salvação e reconstrução.

A luta por justiça social, dignidade e respeito no nosso país é árdua. Nosso compromisso é lutar pela melhoria das condições de vida dos atingidos e para evitar novos sofrimentos com os eventos extremos causados pelas mudanças climáticas.

Brasília, 12 de setembro de 2011

Atingidos e atingidas por eventos climáticos extremos dos seguintes Estados: Alagoas, Amazonas, Bahia, Ceará, Espírito Santo, Maranhão, Mato Grosso do Sul, Pará, Pernambuco, Piauí, Rio de Janeiro, Rio Grande do Sul, Santa Catarina, São Paulo e Sergipe.

Não precisa falar mais nada. Está tudo aí. Aliás, creio que acabo de escrever um parágrafo desnecessário.

14. E daí, pessoa?

Para prevenir o colapso da civilização humana precisaríamos mudar os padrões culturais dominantes. Como diz Assadourian (2010, p. 1): "essa transformação rejeitaria o consumismo".

Não há, na história humana, um só exemplo conhecido que algo tão radical tenha ocorrido de modo a corrigir trajetórias coletivas facilmente (i.e., sem conflitos, derrocadas, guerras, sofrimentos, aflições e mais).

Aqui acoplo duas citações apropriadas ao contexto reflexivo:

> A dor se incumbirá do trabalho que os homens não aceitaram por amor.
> EMMANUEL (psicografado por Francisco Cândido Xavier)

> Um grande batismo de dor é necessário, a fim de que a humanidade recupere o equilíbrio, livremente violado.
> PIETRO UBALDI, *Grandes mensagens*

Será que nós não temos capacidade de nos conduzirmos por outros caminhos e escaparmos dessa anunciação tão sombria? Vamos todos embarcar no niilismo[1] ouvindo que "a semeadura é livre, mas a colheita é obrigatória"?

É óbvio que não queremos aceitar isso. Mas, o que fazer se, até o presente, os exemplos que temos não são alentadores?

Jared Diamond mostrou em 2005 no seu livro *Colapso* – hoje um clássico mundial nesse tipo de literatura –, como as sociedades escolhem o fracasso ou o sucesso, em suas trajetórias, como vimos na introdução.

---

1 Niilismo: aniquilação, redução a nada.

Não há, porém, em sua austera e dedicada narrativa, um caso sequer de mudança radical rumo a caminhos melhores. Os seres humanos só têm reagido quando já estão sob forte estresse, diante da fome e da sede, da iminência de morte, do desmonte da sua segurança pessoal. Antes, têm permanecido impassíveis, estoicos, imperturbáveis nas suas convicções suicidas.

O iluminado Maurício Andrés Ribeiro, no seu livro *Ecologizar* (2000), à página 60, frisa:

> É necessário passar por momentos de medo e pela sensação de que a vida esteve por um triz, para se desenvolver essa consciência.

Dizia isso em relação à necessidade dos seres humanos experimentarem mudanças mais profundas na sua percepção em relação ao seu papel nos ecossistemas planetários, o que requereria uma nova base filosófica e religiosa.

Ao que Macy e Molly (2004, p. 42) acrescentam:

> [...] Até os sinais de perigo, que deveriam chamar nossa atenção, [...], tendem a causar efeito oposto. [...] Fechar a persiana e ocupar-nos com outras coisas. Nosso interesse por distrações sustenta indústrias bilionárias, [...] tudo estará bem desde que compremos [...], comemos carne de animais criados em fazendas e produtos cultivados em indústrias agrícolas, conscientes dos pesticidas e hormônios que eles contêm, mas preferimos não pensar no mal que nos farão. [...] Teremos nos tornados calejados, niilistas? [...] Seus alarmes e sermões tendem a fazer com que puxemos ainda mais a persiana, aumentando nossa resistência contra aquilo que parece poderoso demais, complicado demais, demasiadamente fora de nosso controle.

Caramba! Então é isso? Não há outro jeito? Nós, humanos, sempre teremos que experimentar situações de intenso sofrimento para nos darmos conta das bobagens que fazemos?

Por que para a maioria das pessoas e das instituições é tão difícil de aceitar que não podemos continuar fazendo o que estamos? (isso aqui daria um tratado de psicologia socioambiental).

De qualquer forma, a história tem desfilado exemplos que não nos dão orgulho. Dos ataques mortais a Jesus, Gandhi, Luther King e John Lennon, à Hiroshima e Nagasaki. Causam náuseas à atmosfera da consciência humana: o holocausto, a discriminação racial e qualquer outro tipo de preconceito, pois sobrecarregam de nuvens pesadas o astral da espécie.

Ecologistas e ambientalistas, ou quem quer que seja que defenda os direitos de um ambiente saudável, foram jogados todos em uma só sacola, classificados como chatos, alarmistas, antiprogressistas, antidesenvolvimentistas, e atirados longe como seres repugnantes, histriônicos,[2] empata negócios, ripongos,[3] caricatos, bizarros, indesejáveis e inoportunos, entre outros.[4]

Vários elementos de gestão ambiental, desenvolvidos para reduzir os impactos das nossas agressões, foram sendo progressivamente sufocados, até que muitos deles perdessem a eficiência e depois o sentido.

Vamos a alguns exemplos:

a. Licenciamento ambiental – criado para disciplinar, ajustar e orientar as propostas de empreendimentos com potencial de causar danos ambientais. É um dos setores que mais sofre pressão política na área ambiental.

Os empreendedores apresentam projetos em áreas de preservação permanente, em cima de nascentes, em áreas de manguezais, topos de morros, em patrimônios da humanidade, em reservas indígenas, sobre vegetação florestal nativa... e daí querem que o órgão do meio ambiente dê a licença para essas barbaridades. Quando isso não ocorre na velocidade que querem, acusam os ambientalistas de estarem atravancando o progresso.

A análise dos projetos é complexa, exige equipe multidisciplinar, equipamentos específicos e apoio à atividade de campo, o que não existe. Mal pagos, sem condições de trabalho adequadas, as equipes estão sendo continuamente reorganizadas. Os especialistas preferem trabalhar em outras áreas menos estressantes.

Quando a análise demora, vem a pressão para que se liberem as licenças ambientais a qualquer custo. Para isso, demitem diretores, nomeiam outros mais

---

2 Bobos, ridículos.

3 *Hippies.*

4 Segundo divulgação da ONG *Global Witness* durante a Rio+20, 711 ativistas ambientais foram mortos na última década (2002-2012). Metade deles, no Brasil.

convenientes, perseguem analistas ambientais e cortam recursos destinados ao aperfeiçoamento de pessoal e aquisição de equipamentos para monitoramento.

Assim, a atividade de licenciamento foi transformada, em sua maior parte, em simples ato cartorial. Carimbos e assinaturas, engodo e vergonha, frustração e irresponsabilidade.

Não quero com isso dizer que o licenciamento não funcione de forma alguma. Claro que há lugares onde o processo é levado a sério: na Coreia do Sul, por exemplo.

b. Zoneamento ambiental – criado para racionalizar a ocupação do solo, compatibilizando as atividades socioeconômicas com as vocações naturais e necessidades de preservação.

Não é fácil encontrar um só caso de zoneamento ambiental realizado no Brasil que esteja funcionando de acordo com as recomendações. É mais comum encontrar situações onde se "zoneou" o zoneamento, mutilou-se e/ou ignorou-se.

Fez-se o que se quer para atender à ganância dos empreendimentos imobiliários, urbanísticos, industriais e outros.

c. Unidades de Conservação – sistema formado por parques, estações ecológicas, áreas de proteção ambiental e outras, com o objetivo de preservar/conservar amostras significativas de ecossistemas e/ou biomas, reconhecidamente importantes. Estão sempre recebendo pressão do setor imobiliário, pois há sempre alguém alegando que aquela área é de sua propriedade. Sofrem constantes invasões, incêndios florestais criminosos, caça e pesca clandestina e ataques ao patrimônio.

A despeito dos incríveis esforços das agências governamentais que cuidam das unidades de conservação, há um crônico estádio de penúria, traduzido por recursos escassos e constrangimentos burocráticos de toda sorte.

Na semana do meio ambiente (5 de junho) a criação de novas unidades de conservação é uma das estratégias de *marketing* mais utilizadas pelos políticos para fazer média com a comunidade e registrar na mídia as imagens de assinaturas (autopromoção). Ocorre que fica só no papel. Nada é feito em seguida e as tais unidades criadas jamais se consolidam.

Educação Ambiental — Em 1999 criou-se a Lei n. 9.795 que instituiu a Política Nacional de Educação Ambiental tornando-a obrigatória nas escolas (do pré à pós), nas empresas, nas comunidades etc.

A despeito dos esforços do MEC, do Ministério do Meio Ambiente, dos professores e algumas empresas e ONGs, o processo sofre preconceitos, apatias e é alvo fácil quando se anunciam cortes nos orçamentos.

Confundida com ecologia, a prática da Educação Ambiental ainda se concentra em alguns processos de gestão ambiental. Assim, reciclando latinhas para ganhar computador, fazendo hortinhas, transformando garrafas plásticas em brinquedos que logo virarão lixo de novo, distribuindo lixeiras coloridas para uma coleta seletiva que não funciona, e aterrorizando as crianças para economizar água, energia elétrica e não jogar papel de balinhas no chão, se acredita que as coisas possam mudar.

Sem falar que o Brasil é considerado vanguardista em termos de abordagens para a Educação Ambiental. Imagine como as coisas andam por aí. Centrado em fauna e flora — aspectos ecológicos, apenas —, em muitos países as dimensões sociais, políticas, culturais, econômicas e éticas não são consideradas. Acredita-se que apenas salvando o macaco do focinho prateado está resolvido o problema.

É claro que os processos de gestão ambiental são importantes, precisam e devem ser estimulados, mas também precisa ser feito em um contexto de compreensão do seu significado sistêmico; as pessoas precisam ser sensibilizadas para que possam ampliar a sua percepção e, livremente, conscientizar-se e internalizar as novas práticas, decisões, hábitos e atitudes.

Isso não se consegue apenas dizendo que o mundo vai acabar, que você é culpado, que a coleta seletiva é a solução, que precisamos "salvar o planeta" e a culpa de tudo é o "capitalismo selvagem" — discurso desgastado, cansado, erodido e hipócrita.

Para o processo de educação ambiental tornar-se efetivo, a educação deveria ser, antes de tudo, efetiva. E isso não é interesse perceptível na maioria dos governos do mundo. Caso contrário, os professores seriam os especialistas mais bem pagos do mundo e as escolas os ambientes mais bem equipados, sendo centros de inovação, alegria e burilação de valores.

Poderia continuar a listagem examinando as dificuldades encontradas para a execução de programas e atividades de gestão ambiental que foram criadas para nos ajudar a tornar a nossa presença na Terra menos agressiva. Mas vamos parar por aqui antes que você decida abandonar essa leitura repleta de cantilenas de ambientalista pessimista.

> "[...] ecologistas e ambientalistas apregoam valores que soam bastante ameaçadores a quem se acostumou a enxergar a Natureza como um gigantesco supermercado do qual basta retirar o que se deseja das prateleiras, sem nenhuma preocupação com os limites do estoque."
>
> ANDRÉ TRIGUEIRO (2009, p. 71)

Temos errado e estamos insistindo no erro. O que se alega é que os alarmes dados até agora não se baseiam em análises totalmente precisas: "Aí vem essas pessoas com essas ideias malucas", rotulam.

O agnostismo[5] termina empurrando a sociedade para limiares muito próximos dos desabamentos.

Não conhecemos uma Ciência precisa, nem sabemos se isso um dia vai existir. Tudo o que temos até agora são modelos aceitos que vão sendo aperfeiçoados ao longo dos tempos.

Ficar esperando que a Ciência se torne exata e deixar a situação se agravar primeiro para depois ver como as coisas ficarão, é uma atitude-decisão nada inteligente.

As 7, 8, 9 bilhões de bocas humanas esperando água potável, proteínas e dignidade, são como um paciente que não pode se dar ao luxo de ignorar as preocupações de um médico que comenta sobre a sua doença.

Pode-se dizer, de forma simplificada, que ambientalistas tentam fazer esse papel de "médico". São as pessoas que percebem e se mexem, falam, escrevem, contestam, e que arriscam as suas carreiras, sacrificam sua família, o tempo com os amigos, para sair por aí tentando avisar que há um buraco crescendo na parede da represa. Não que seja um novo apostolado cassândrico-messiânico

---

5 Conhecimento só pela razão demonstrável.

salvador do mundo, mas é que não dá para ser estoico numa hora dessas. Não dá para aceitar a coprofagia[6] como algo inevitável.

O aniquilamento dos sistemas ambientais é apenas um dos sintomas desses comportamentos autodestrutivos da humanidade; dessa estagnação na sua evolução espiritual (ou, em alguns casos, até mesmo involução).

Espera-se uma catarse[7] coletiva para sairmos dessa situação. Essa catarse não virá, não sem muito sufoco. Agora, circunscrever nitidamente o que é esse "sufoco", nenhum oráculo tecnológico ou místico tem equipamento para descrever a próxima jogada, sem erros.

Do alto dos seus 23 anos de pesquisa médica, James Lovelock expressa no seu livro *A vingança de Gaia* (2006):

> Por sermos animais tribais, a tribo não age unida enquanto não percebe um perigo real e presente. Essa percepção ainda não ocorreu.

E prossegue:

> As perspectivas são sombrias, e, ainda que consigamos reagir com sucesso, passaremos por tempos difíceis, como em qualquer guerra, que nos levarão ao limite. Somos resistentes, e seria preciso mais do que a catástrofe climática prevista para eliminar todos os casais de seres humanos em condições de procriar. O que está em risco é a civilização.

Aos que diziam que a humanidade só reagiria quando surgissem indícios incontestáveis dos riscos, a mídia agora os coloca em situação difícil. O que mais precisa acontecer?

Vivemos a convulsão plena, empurrada por ávidos bilhões de seres humanos. O futuro é agora e chegou à empresa, à família, aos bolsos, ao estômago, ao coração e à alma. A bomba populacional de Paul Ehrlich já explodiu.

Obviamente, ainda não é tarde demais. Ainda se pode estancar o vazamento. Mas o que se esvaiu, foi-se. Paciência...

Reverter? Sem chances. Só nos resta adaptar. Ajustar-se.

---

6 Comer excrementos.

7 Purificação, limpeza.

Mas se adotarmos a filosofia do fumante viciado (continuar fumando e planejar parar quando o dano se tornar perceptível) vamos testemunhar cenas nada agradáveis.

Daí, evolui-se para outro impasse perturbador: a sociedade humana chegar ao dilema do viciado em drogas: se continuar, morre; se parar bruscamente, morre também. Ou se correr o bicho pega, se parar o bicho come.

Lovelock sugere que precisamos mesmo é de uma "retirada sustentável". E afirma que a mudança climática que se aproxima pode ser facilmente descrita como um inferno: tão mortalmente quente que somente um punhado dos tantos bilhões de pessoas sobreviverão.[8]

Lovelock não é exatamente a pessoa mais amada no meio acadêmico, mas a sua contribuição à reflexão sobre nossa condição no planeta é inegável. Talvez as suas intervenções com discursos apocalípticos sejam necessárias.

As possibilidades do "desenvolvimento sustentável" vazaram pelo buraco do comportamento humano. O modelo se esgotou e a conta chegou.

Não temos mais tempo para sermos pessimistas nem perdermos tempo com os problemas. Temos que nos ocupar com as soluções. Joan Baez costumava dizer que a *ação é o antídoto para o desespero*.

Longe de pretender uma nesga de autoajuda ou coisa parecida, há três citações do gênio humano que se encaixam perfeitamente nesse momento:

> Para o triunfo dos maus, basta que os bons fiquem de braços cruzados.
> CHARLIE CHAPLIN

> Quem quer fazer encontra um meio, quem não, uma desculpa.
> PROVÉRBIO CHINÊS

> A melhor forma de prever o futuro é criá-lo.
> ALAN KAY

Agora o desafio é outro além da utopia: ou se tem competência técnico--moral ou o pior irá acontecer. Ou renascemos juntos ou morremos juntos. Temos que reunir as forças da nossa coragem e do espírito de aventura para

---

8 Sempre me intrigou esse conceito de inferno quente; por que não congelado? O sufoco é igual, de sentido contrário. Aliás, por que inferno?

enfrentarmos esse desafio, reconhecidamente o mais denso, constrangedor, complicado, inter-relacionado, urgente, demolidor e instigante que jamais experimentamos: a degradação ambiental global e a mudança climática.

> "Morre-se muitas vezes enquanto se vive."
>
> FRIEDRICH NIETZSCHE, *Ecce homo*

14.1 O começo da cura é o reconhecimento da doença

Há dois erros elementares da percepção humana:

Primeiro: achar que poderia causar danos à Terra sem se prejudicar. Esse erro nasceu na crença de que somos seres independentes, desconectados e absolutos. Acreditamos que os fluidos venenosos que despejamos na Terra não nos atingem, como se a Terra fosse uma coisa e nós fôssemos outra.

Todas as nossas atividades representam algum tipo de pressão sobre o ambiente no qual vivemos. Quase tudo que fazemos, liberamos gás carbônico, por exemplo.

Quando consumimos arroz, feijão, carne, soja, milho; quando usamos energia elétrica, água, papel, madeira, roupas, cosméticos, medicamentos, material de limpeza, brinquedos; quando geramos lixo, abrimos uma lata de refrigerante, dirigimos um carro, ligamos um computador ou compramos uma geladeira; enfim, quase tudo o que fazemos, termina, de uma forma ou de outra, emitindo o gás que vai aumentar o efeito estufa e ajudar a mudar o clima para modos que nos causam transtornos e para os quais ainda não estamos preparados (e pelo visto, vamos demorar bastante).

Quando éramos poucos seres humanos sobre a Terra isso não tinha o potencial de interferir nos processos naturais. Porém, com 7, 8 bilhões de seres (e por aí segue) desmatando, queimando florestas, criando desertos, formando pilhas de lixo, despejando veneno no ar, desviando, represando e poluindo rios, matando animais e criando cidades que vão consumir e poluir cada vez mais, pode-se imaginar a encrenca na qual nos envolvemos.

Não há solução fácil para isso e nenhuma única pessoa, dentre tantos bilhões espalhados sobre a superfície da Terra, estará livre de sofrer as consequências.

Em longo prazo, todos, pobres e ricos, se verão às voltas com os problemas gerados pelo desrespeito e/ou desconhecimentos das leis que regem a vida neste planeta.

Segundo: a dessacralização da natureza. A descelebração da vida, o desprezo ao brilho e calor do sol; ao prazer perdido em mergulhar em um lago de águas cristalinas; de agradecer ao ar puro que se respira, ao colorido e ao sabor dos frutos, à brisa que alisa o rosto, às paisagens que afagam nossas retinas, acalmando as almas e confortando os espíritos.

Falta sentimento de gratidão.

Ao acordar, abrimos os olhos e nossas retinas registram as cores do mundo; nossos ouvidos, pernas, coração, rins, pele, dedos, articulações, sangue e músculos acionam a orquestra da vida e nos colocam na Terra.

Vivemos em um lugar tão único, com condições tão especiais para abrigar a vida. A temperatura adequada, a água potável com os sais que precisamos, o ar atmosférico com a mistura exata que nos alimenta, o solo com os nutrientes na medida certa para gerar frutos, grãos. Como não percebemos, valorizamos e agradecemos a tudo isso?

> "Precisamos conhecer a verdadeira natureza da Terra, imaginando-a como o maior ser vivo do sistema solar, e não algo inanimado como a infame 'Espaçonave Terra'".
>
> JAMES LOVELOCK, *A vingança de Gaia*

Mas agora a arena cresceu e chegou mais gente.

Não são apenas os ecochatos que tromboneiam pelo mundo. Há um início de iluminação coletiva acontecendo. Há uma nova geração[9] de iluminados(as) formada por juízes, membros do Ministério Público, promotores, parlamentares, políticos, empresários e lideranças comunitárias, jornalistas, religiosos, estudantes, professores, artistas etc. E eles, os identificadores tecnológicos do emboque – os cientistas – chegaram. E chegaram com a força da ética e do esforço – muito improvável que mais de 2.500 dos mais renomados cientistas do mundo estejam tão errados!

Forma-se uma seara ambientalista onde não há chefes. Há redes.

Muitos já captaram os sinais dos cenários esperados. Já perceberam que não se referem apenas ao clima, nem à biodiversidade, aos rios e às borboletas. Trata-se da degradação da qualidade de vida da sociedade humana como um todo, como resultado da nossa degradação moral e espiritual.

Tem aumentado a participação das pessoas, as iniciativas de conservação, a intervenção da mídia, novas tecnologias, redes de cooperação, manifestações e negociações internacionais, novos acordos, entre outros.

Ao lado dos desfiles macabros das tragédias ambientais, circulam várias amostras de sucesso espalhadas pelo mundo.

Vão desde iniciativas simples de ONGs em comunidades carentes, até processos mais complexos como os fóruns internacionais. Há exemplos de iniciativas bem-intencionadas (realmente) por parte de empresas, instituições governamentais de educação, pesquisa e extensão.

Mas não nos iludamos. Vamos ter que pagar um preço alto para chegarmos à essa mudança, à essa tal sociedade menos impactante, mais justa, ajuizada, conectada, desperta, consciente e desapressada.

As mudanças que precisamos só poderão acontecer se a estrutura, dinâmicas e funções da teia econômica-social-política-cultural-ética passarem por profundas transformações; se mudarmos nossos valores, percepções, ideias e atitudes.

Isso o ser humano jamais fez. Mas terá que fazer. E não o fará sem conflitos. A situação atual margeia a insanidade, magoa, mutila, destrói, apodrece e enclausura a mente humana, aleijando seus sonhos de felicidade.

---

9 Essa nova geração nada tem a ver com a idade das pessoas, mas com o processo de ampliação da percepção pelo qual passaram.

Na prateleira da sobrevivência acabou o estoque das opções fáceis, cômodas e agradáveis. Consumimos todas elas. Restaram as mais complicadas. Foi assim que escolhemos.

Há de se alimentar a esperança com sensatez, o irrefreável impulso profundo de evolução, o otimismo racional de que uma hora as pessoas vão se erguer da sua condição de carnívoro tribal primitivo e acordar para esse sonho maravilhoso que é a aventura de viver em um lugar tão fascinante.

Foto 29. *A mensagem dos Maias*. Pirâmide Chichen Itza, Yucatán, México, outubro de 2010.

O ano de 2012 se foi e o mundo não acabou (segundo McKibben, sim, já. O que nós conhecíamos já se foi. Temos outro agora).

Os Maias dizem que não anunciavam o fim do mundo, mas, sim, o fim de um ciclo, começando outro. Outros virão. É a dinâmica cósmica.

Que nessa transição possamos nos manter em estado de vigília a respeito da nossa condição de efemeridade, de transitoriedade, de passagem. E assim possamos ser menos apressados, preocupados, trágicos, autocentrados e passemos a olhar para os lados, para cima, e para o nosso interior, com mais frequência e serenidade.

> A Terra [...] geme e chora, estertora e grita. São as dores do parto cósmico que revela o novo ser, o nascimento da civilização do terceiro milênio. É a gestação da Terra, de um mundo novo.
>
> ALEX ZARTÚ, citado por Pinheiro, Robson. *Gestação da Terra*.
> Contagem: Casa dos Espíritos Editora, 2002.

Que aprendamos com as lições que vamos receber na transição que nos espera. E que estejamos preparados e fortalecidos por suprimentos de humildade, coragem, fé, solidariedade, tolerância, paciência e compaixão.

> "A verdadeira viagem não consiste em sair
> à procura de novas paisagens, mas em possuir novos olhos."
>
> MARCEL PROUST

14.2 Ilações

1. Como vimos, sabemos que precisamos mudar. "Não podemos nos tornar no que precisamos ser, permanecendo no que somos", disse Einstein.

2. Todo esse problema estaria resolvido se os cientistas estivessem equivocados. Mas, as manchetes diárias estão dizendo o contrário. A realidade está mais parecida com os relatórios do que com o ceticismo.

3. O desafio é pra valer. Essa ação "coletiva vigorosa e urgente" vai ter que acontecer de qualquer forma, quer seja pela educação, pelo bolso ou pelo sofrimento. Ou um misto disso tudo.

4. Uma coisa é óbvia: não vamos conseguir resolver os problemas criados pela tecnologia e falta de percepção com mais tecnologia e mais falta de percepção.

Vamos precisar de instrumentos que certamente não poderão ser encontrados em laboratórios, telas de computadores e nos modelos sofisticados de análises. Vai ser necessária uma transformação profunda do ser humano.

5. O ser humano vai ter que dar atenção às coisas que ele nunca deu a menor importância.
6. Precisamos refletir porquê proteger a Terra e desejar um ambiente saudável INCOMODA TANTA GENTE!
7. A sociedade atual ignora ou desconhece perigosamente as advertências que têm sido feitas com tanta ênfase nos últimos anos, não por místicos, mas por cientistas.
8. Os seres humanos não estão todos de braços cruzados.

As imagens que se seguem são um exemplo disso.

Foto 30. *Rio Han recuperado atravessa Seul, Coreia do Sul, agosto de 2009.*

Foto 31. O autor, no rio Han, Seul, Coreia do Sul, agosto de 2009.

O que se conseguiu em Seul orgulha seus moradores. Antes uma cloaca que envergonhava a todos com a sua sujeira, em alguns anos recuperou-se o rio e transformou-se o seu serpentear urbano em áreas de lazer muito frequentadas pelas famílias.

Competência, disciplina, determinação, seriedade e objetividade, entre outros ingredientes da governança operante, permitiram esse presente ao mundo.

É claro que ainda temos poucos exemplos desse tipo. Mas eles existem e são um alento. Um contraponto aos rios poluídos que enfeiam as cidades do mundo (você conhece vários deles) e que poderão continuar assim, perpetuados pela corrupção, ignorância e imoralidade, de não sair do comodismo, de não querer mudar as coisas, de achar que é assim mesmo ou que alguém vai fazer isso por você. Esse fatalismo é paralisante e ameaçador.

9. Sobre este livro

Então leitor: os cenários estão aí, os desafios também, bem como as oportunidades, os cinismos e as maluquices, como anunciado na capa deste livro.

Aliás, a este livro não se aderem rótulos como ecologia profunda, ética ambiental ou nova moral pró-planeta. Não é um livro sobre anarquismo, nem reverberação neoapocalíptica. Não é desabafo, nem rebeldia, nem surto esquizofrênico ou mítico, nem premonição, ou qualquer outra manifestação metafísica. Não é vingança, nem necessidade de aparecer, causar polêmica, publicar mais um trabalho para ser contabilizado na produção Capes, nem prestação de contas, autoafirmação ou tentativa de se candidatar ao programa do Jô Soares. Só reflexões livres. Risco.

Quando decidi pelo título *Mudança climática* pensei em propor uma *mudança* no nosso clima – não o meteorológico, físico, descritivo, midiático –, mas o nosso clima interior, perceptivo, vibracional, emocional, tanto como indivíduos quanto como coletivos.

Transmutar para algo melhor, mais nobre, mais divertido. Algo que nos permita saborear a vida em todos os seus momentos mágicos, cintilantes e inesperados.

Repensar essa nossa impenitência[10] alimentada pelos desejos insaciáveis de querer tudo, saber tudo, comprar tudo, dominar tudo, explorar tudo. Uma esperança de mudança.

10. Encerramento

Desejo, do fundo da consciência, que os cientistas estejam errados e que aqueles gráficos reflitam equívocos; que aqueles modelos sejam um blefe, de modo que todas aquelas tragédias anunciadas apareçam apenas nos filmes.

Os tempos ainda não mo disseram.

Finalmente:

Que o brilho do pensamento e das ações humanas iluminem e formem uma atmosfera de encantamento e enlevo espiritual, capazes de nos transformar em seres melhores do que temos sido.

---

10 Obstinação no erro.

15. Referências

ARTAXO, Paulo. "A Amazônia e as mudanças globais". *Ciência Hoje*, 224: 20-25, 2006.
ARTAXO, Paulo et al. "Química atmosférica na Amazônia: a floresta e as emissões de queimadas controlando a composição da atmosfera amazônica". *Acta Amazônica*, v.35(2): 185-196, 2005.
ASIMOV, Isaac. *Escolha a catástrofe*. São Paulo: Círculo do Livro, 1979. 390 p.
ASSADOURIAN, Erik "Ascensão e queda das culturas de consumo". In: Worldwatch Institute. 2010. O Estado do Mundo – Transformando culturas. Salvador: Universidade Livre da Mata Atlântica, Salvador, Bahia. 2010. 268 p.
ATTALI, Jacques. *Uma breve história do futuro*. São Paulo: Novo Século, 2008. 223 p.
BINDÉ, Jérôme. *Fazendo as pazes com a Terra*. Unesco/Brasilia: Paulus, 2010. 214 p.
CANHOS, Vanderlei Perez. "Mudança do clima". *Cadernos NAE*, 3, vol. 1, 2005.
CAPRA, Fritjof. *O ponto de mutação*. São Paulo: Cultrix, 2005. 447 p.
CHADE, Jamil. "Bloco europeu adia plano ambiental". *O Estado de S. Paulo*. 3 nov. 2008, p. A15.
COLUMBIA UNIVERSITY – Ciesin. *A Synthetic assessment of the global distribution of vulnerability to climate change from the IPCC – Perspective that Reflects Exposure and Adaptive Capacity*. New York, 2006.
DIAMOND, Jared. *Colapso – Como as sociedades escolhem o fracasso ou o sucesso*. 2. ed. Rio de Janeiro: Record, 2005. 685 p.
DIAS, G.F. *Pegada ecológica e sustentabilidade humana*. 2. ed. São Paulo: Gaia, 2006. 263 p.
_____. *Fogo na vida*. 2. ed. e 3. ed. rev. e amp. Ministério do Meio Ambiente, Ibama, Prevfogo – Centro Nacional de Prevenção e Combate aos Incêndios Florestais, Brasilia, 2010 e 2013. 80 p.
DÓRIA, Pedro. "É hora de uma governança global?" *O Estado de S. Paulo*, 3 nov. 2008, p. L3.
FLANNERY, Tim. *Os senhores do clima*. Rio de Janeiro: Record, 2007. 388 p.
GAARDNER, Jostein. *O dia do curinga*. São Paulo: Cia. das Letras, 2003. 378 p.
GHINI, Raquel e Hamada, Emília (Ed.) *Mudanças climáticas – Impactos sobre doenças de plantas no Brasil*. Brasília: Embrapa Informação Tecnológica, 2008, 331 p.
GREENPEACE. *Mudanças do clima*. Mudanças de vida, 2006. 63 p.
GREGOROVITCH, Andrew. "Black Famine in Ukraine 1932 – 33: A struglle for existence". *Forum Ukrainiane Review*, n. 24, 1974.
HARE, Bill. *What is dangerous climate change?* COP 10, Buenos Aires, 2004.
IPCC, 2011: "Summary for policymakers". In: FIELD, C.B. et al. (Eds) *Intergovernaental panel on climate change special report on managing the risks os extreme events and disasters to advanced climate change adaptation*. Cambridge University Press, Cambridge, United Kingdom and New York, NY, USA, 18 nov. 2001, 29 p.
IPCC *Climate Change* 2013: the physical science basis. Summary for Policymakers. Setembro, 2013, 36 p.
IUCN – The World Conservation Union. *Protected Áreas in 2023 – Scenarios for an uncertain future*. Gland, Switzerland, 2003. 51 p.
LACHANCE, Albert. *Espiritualidade verde*. São Paulo: Gaia, 2008.

LIMA, Magda Aparecida de; CABRAL, Osvaldo Machado Rodrigues; MIGUEZ, José Domingos Gonzalez. *Mudanças climáticas globais e a agropecuária brasileira.* São Paulo: Embrapa/Embrapa Meio Ambiente, Jaguariúna, 2001.

LOMBORG, Bjørn. *O ambientalista cético.* 4. ed. Rio de Janeiro: Campus, 2002. 541 p.

LOVELOCK, James. *A vingança de Gaia.* Rio de Janeiro: Intrínseca, 2006. 159 p.

LUTZENBERG, José. *Gaia.* Porto Alegre: L&PM, 1990. 110 p.

MACHADO DE ASSIS. *Memórias póstumas de Brás Cubas.* Porto Alegre: L&PM Pocket, 2010. 252 p. (Coleção L&PM Pocket, volume 40)

MANN, Michael E.; KUMP, Lee R. *Dire predictions.* DK, New York, 2008. 208 p.

MCKIBBEN, Bill. *Earth.* New York St. Martin's Griffin, 2011. 261 p.

MACY, Joanna e BROWN, Molly Young. *Nossa vida como Gaia.* São Paulo: Gaia, 2004. 254 p.

MARENGO, José A. e NOBRE, Carlos. *Programa de ação nacional de combate à desertificação e mitigação dos efeitos da seca (PAN Brasil).* 2005.

MARENGO, José A. *Mudanças climáticas globais e seus efeitos sobre a biodiversidade:* caracterização do clima atual e definições das alterações climáticas para o território brasileiro ao longo do século XXI. Ministério do Meio Ambiente, Secretaria de Biodiversidade e Florestas, Brasília, 2006. 212 p. (Série Biodiversidade, 26).

MATURANA, Humberto. "O que se observa depende do observador". In: THOMPSON, William Irwin (Org.) *Gaia – Uma teoria do conhecimento.* São Paulo: Gaia, [s.d.], 203 p.

MEADOWS, Donella H. "The limits to growth revisited". In: EHRLICH, Paul R.; HOLDREN, John P. (Ed.) *The Cassandra conference.* Texas A&M University Press, 1994, p. 257-270, 330 p.

MELO, Cíntia. "O dilema do aquecimento global". *Ecológico,* ano 3, n. 33, junho, 2011. 18-26 p.

MMA, *Perfil dos Incêndios Florestais Acompanhados pelo Ibama – 2009.* MMA/Ibama/Prevfogo/NPM/NPC, Brasília, 2010, 40 p.

NIETZSCHE, Friedrich Wilhelm. *Ecce Homo.* São Paulo: Martim Claret, 2004. 125 p.

_____. *Genealogia da moral.* São Paulo: Cia. das Letras, 1967.

NAE – Núcleo de Assuntos Estratégicos da Presidência da República. *Mudança do clima.* Brasília, 2005. Vol. I, 250 p. e Vol. II, 500 p.

ONU. *Relatório da Avaliação Ecossistêmica do Milênio (Millennium Ecosystem Assessment),* 2005.

OTANI, Ramo (ed.). *Cho Chin Gue – Louvação do Budismo.* Templo Budista Higashi Honganji do Brasil, São Paulo, 1987. 91 p.

PAINEL INTERGOVERNAMENTAL SOBRE MUDANÇA DO CLIMA. OMM/PNUMA. *Mudança do clima 2007:* impactos, adaptação e vulnerabilidade. Sumário para os formuladores de políticas. 8ª Sessão do GT II, Bruxelas, 2007. Versão MCT, Tradução do Senado Federal com revisão técnica de tradução de José Antônio Marengo Orsini. 30 p.

PAPE, Eric. "Vineyards on the move". *Newsweek Special Report:* living with climate change. April/ 16, 23, 2007. p. 53

PESSOA, Fernando. *Obra poética.* Rio de Janeiro: Nova Aguilar, 1986. 842 p.

PINHEIRO, Robson. *Gestação da terra.* Contagem, Minas Gerais: Casa dos Espíritos Editora. 2002. 271 p.

PROCÓPIO, Argemiro. *Subdesenvolvimento sustentável.* Curitiba: Juruá, 2007. 335 p.

REES, Martins. *Hora final.* São Paulo: Cia. das Letras, 2005. 235 p.

RIBEIRO, José Cláudio Junqueira. *Indicadores ambientais.* Secretaria de Estado de Meio Ambiente e Desenvolvimento Sustentável de Minas Gerais, 2006. 304 p.

RIBEIRO, Maurício Andrés. *Ecologizar.* 2. ed. Belo Horizonte: Rona, 2000. 396 p.

RODRIGUES, Roberto. "Uma crise em vários tons", *Mundo Corporativo,* n. 21, 3º Trimestre, 2008, p. 32-33.

SICT – Secretaria Internacional da Carta da Terra. Universidad para La Paz, San José, Costa Rica. *Carta da Terra.* São Paulo: Gaia, 2010. 34 p.

SIQUEIRA, O.J.W. de. Efeitos potenciais das mudanças climáticas na agricultura brasileira e estratégias adaptativas para algumas culturas. In: LIMA, M.A. de; CABRAL, O.M.R.; MIGUEZ, J.D.G. (Eds.). *Mudanças climáticas globais e a agropecuária brasileira.* São Paulo/Jaguariúna: Embrapa Meio Ambiente, 2001, p. 65-96.

SZKLARZ, Eduardo. "Desistir do carro elétrico". *SuperInteressante. Os maiores erros da humanidade*. Edição Especial, out. 2011, p. 6-7.

SPIGNESI, Sthepen. *As 100 maiores catástrofes da história*. Rio de Janeiro: Difel, 2006. 496 p.

STERN, Nicholas. "The economics of climate change". *The Stern Review*. Cambridge University Press, Cambridge and New York, 2006.

STERN, Nicholas e TAYLOR, Cris "Climate change: risk, ethics and the Stern Review". *Science* 317(5835): 203-204, p. 2007.

TANIGUCHI, Masanobu. *Caminho da paz pela fé*. São Paulo: Seicho-No-Ie, 2004. 238 p.

THE ECONOMIST. *Briefing the anthropocene*. A man-made world. 2011. Maio/junho 81-83.

TOLLE, Eckhart. *O poder do agora*. Rio de Janeiro: Sextante, [s.d.]. 222 p.

TRIGUEIRO, André. *Espiritismo e ecologia*. Brasília: FEB, 2009. 146 p.

UBALDI, Pietro. *A grande síntese*. 21. ed. Rio de Janeiro: IPU, 2001. 515 p.

_____. *Grandes mensagens*. 4. ed. Rio de Janeiro: IPU, 2001.

UNDERHILL, William. "This way forward". *Newsweek Special Report*: living with climate change. April/16,23, 2007, p. 37-41.

UNEP/WMO/IPCC. *Climate Change* 2001 – Synthesis Report, Genebra, 2001. 184 p.

VIEIRA, Márcia. "O mundo vive dois dramas: a crise financeira e a climática". *O Estado de S. Paulo*. 3 nov. 2008, p. A15.

VIOLA, Eduardo et al. *Governança e segurança climática na América do Sul*. Ceplan – Corporación de Estudios para Latinoamerica/iFHC, 2008. 33 p.

WILSON, Edward O. *A unidade do conhecimento – Consiliência*. Rio de Janeiro: Campus, 1999. 321 p.

WMO/UNEP/IPCC. Climate Change 2007: the physical science basis. Summary for Policymakers. Paris, 2007. 21 p.

_____. Climate Change 2007: climate change impacts, adaptation and vulnerability. Summary for Policymakers. Bélgica, 2007. 23 p.

_____. Climate Change 2007: mitigation of climate change. Summary for Policymakers. Tailândia, 2007. 36 p.

WWF. *Relatório Planeta Vivo* 2008.

YU, Chang Man. *Sequestro florestal de carbono no Brasil*. São Paulo: Annablume, 2004. 278 p.

ANEXOS

Anexo I
Decreto n. 3.515/2000 cria o Fórum Brasileiro de Mudanças Climáticas

Decreto n. 3.515, de 20 de Junho de 2000

O PRESIDENTE DA REPÚBLICA, no uso da atribuição que lhe confere o art. 84, inciso VI, da Constituição,

DECRETA:

Art. 1º Fica criado o Fórum Brasileiro de Mudanças Climáticas, com o objetivo de conscientizar e mobilizar a sociedade para a discussão e tomada de posição sobre os problemas decorrentes da mudança do clima por gases de efeito estufa, bem como sobre o Mecanismo de Desenvolvimento Limpo (CDM) definido no Artigo 12 do Protocolo de Quioto à Convenção-Quadro das Nações Unidas sobre Mudança do Clima, ratificada pelo Congresso Nacional por meio do Decreto Legislativo n. 1, de 3 de fevereiro de 1994.

Art. 2º O Fórum tem a seguinte composição:

I — Ministros de Estado:

a) da Ciência e Tecnologia;
b) do Desenvolvimento, Indústria e Comércio Exterior;
c) da Agricultura e do Abastecimento;
d) do Meio Ambiente;
e) das Relações Exteriores;
f) de Minas e Energia;
g) do Planejamento, Orçamento e Gestão;
h) da Saúde;
i) dos Transportes;
j) Chefe da Casa Civil da Presidência da República.

II — personalidades e representantes da sociedade civil, com notório conhecimento da matéria, ou que sejam agentes com responsabilidade sobre a mudança do clima;

III — como convidados:

a) o Presidente da Câmara dos Deputados;

b) o Presidente do Senado Federal;
c) Governadores de estados;
d) Prefeitos de capitais dos estados.

§ 1º O Fórum será presidido pelo Presidente da República e terá suas reuniões por ele convocadas.
§ 2º Os membros de que trata o inciso II serão designados pelo Presidente da República.

Art. 3º O Fórum manterá permanente integração com a Comissão Interministerial de Mudança Global do Clima, criada pelo Decreto de 7 de julho de 1999, para adoção das providências necessárias às implementações de suas deliberações.

Art. 4º O Fórum constituirá, sob a coordenação de qualquer participante, câmaras temáticas, provisórias ou permanentes, que congregarão os vários setores econômicos, sociais e técnico-científicos do País com responsabilidade na implantação das medidas relacionadas à Convenção-Quadro das Nações Unidas sobre Mudança do Clima.

Parágrafo único. As câmaras temáticas contarão com o apoio técnico dos seguintes órgãos e entidades da Administração Pública Federal:

I — Agência Nacional de Energia Elétrica — ANEEL;
II — Agência Nacional de Petróleo — ANP;
III — Banco Central do Brasil — BCB;
IV — Banco Nacional de Desenvolvimento Econômico e Social — BNDES;
V — Comissão de Valores Mobiliários — CVM;
VI — Financiadora de Estudos e Projetos — FINEP;
VII — Fundação Instituto Brasileiro de Geografia e Estatística — IBGE;
VIII — Fundação Instituto de Pesquisa Econômica Aplicada — IPEA;
IX — Instituto Nacional de Pesquisas Espaciais — INPE;
X — outros órgãos governamentais ou entidades mantidas com recursos públicos.

Art. 5º O apoio administrativo e os meios necessários à execução dos trabalhos do Fórum e das câmaras temáticas serão providos pelo Ministério da Ciência e Tecnologia.

Art. 6º O Fórum estimulará a criação de Fóruns Estaduais de Mudanças Climáticas, devendo realizar audiências públicas nas diversas regiões do País.

Art. 7º A função de membro do Fórum e das câmaras temáticas não será remunerada, sendo considerada de relevante interesse público.

Art. 8º Este Decreto entra em vigor na data de sua publicação.

Brasília, 20 de junho de 2000; 179º da Independência e 112º da República.

FERNANDO HENRIQUE CARDOSO
Luiz Felipe Lampreia
Ronaldo Mota Sardenberg
José Sarney Filho

Anexo II
Decreto n. 5.263/2007 cria o Comitê Interministerial sobre Mudança do Clima

Decreto n. 5.263, de 21 de novembro de 2007.

> Institui o Comitê Interministerial sobre Mudança do Clima – CIM, orienta a elaboração do Plano Nacional sobre Mudança do Clima, e dá outras providências.

O PRESIDENTE DA REPÚBLICA, no uso da atribuição que lhe confere o art. 84, inciso VI, alínea "a", da Constituição,

DECRETA:

Art. 1º Fica instituído o Comitê Interministerial sobre Mudança do Clima – CIM, de caráter permanente, para:

I – orientar a elaboração, a implementação, o monitoramento e a avaliação do Plano Nacional sobre Mudança do Clima;
II – propor ações prioritárias a serem implementadas no curto prazo;
III – aprovar proposições submetidas pelo Grupo Executivo de que trata o art. 3º;
IV – apoiar a articulação internacional necessária à execução de ações conjuntas, troca de experiências, transferência de tecnologia e capacitação;
V – aprovar a instituição de grupos de trabalho para assessorar o Grupo Executivo;
VI – identificar ações necessárias de pesquisa e desenvolvimento;
VII – propor orientações para a elaboração e a implementação de plano de comunicação;
VIII – promover a disseminação do Plano Nacional sobre Mudança do Clima na sociedade brasileira;
IX – propor a revisão periódica do Plano Nacional sobre Mudança do Clima; e
X – identificar fontes de recursos para a elaboração, a implementação e o monitoramento do Plano Nacional sobre Mudança do Clima.

Art. 2º O CIM será integrado por um representante, titular e suplente, de cada órgão a seguir indicado:

I – Casa Civil da Presidência da República, que o coordenará;
II – Ministério da Agricultura, Pecuária e Abastecimento;
III – Ministério da Ciência e Tecnologia;

IV – Ministério da Defesa;
V – Ministério da Educação;
VI – Ministério da Fazenda;
VII – Ministério da Integração Nacional;
VIII – Ministério da Saúde;
IX – Ministério das Cidades;
X – Ministério das Relações Exteriores;
XI – Ministério de Minas e Energia;
XII – Ministério do Desenvolvimento Agrário;
XIII – Ministério do Desenvolvimento, Indústria e Comércio Exterior;
XIV – Ministério do Meio Ambiente;
XV – Ministério do Planejamento, Orçamento e Gestão;
XVI – Ministério dos Transportes; e
XVII – Núcleo de Assuntos Estratégicos da Presidência da República.

§ 1º O Fórum Brasileiro de Mudanças Climáticas será convidado para as reuniões do CIM.
§ 2º Os representantes de cada órgão serão designados pelo Ministro de Estado Chefe da Casa Civil da Presidência da República, mediante indicação dos respectivos titulares, no prazo de quinze dias contados da publicação deste Decreto.
§ 3º O representante titular deverá ocupar cargo de Secretário ou equivalente.

Art. 3º Fica instituído, no âmbito do CIM, o Grupo Executivo sobre Mudança do Clima, com a finalidade de elaborar, implementar, monitorar e avaliar o Plano Nacional sobre Mudança do Clima, sob a orientação do CIM, com as seguintes competências complementares:

I – elaborar, até 11 de janeiro de 2008, proposta preliminar dos objetivos gerais, princípios e diretrizes da Política Nacional sobre Mudança do Clima;
II – elaborar, até 30 de abril de 2008, versão preliminar do Plano Nacional sobre Mudança do Clima, sob a orientação do CIM;
III – planejar, executar e coordenar o processo de consulta pública;
IV – criar, caso necessário, grupos de trabalho e definir sua composição;
V – definir e propor a elaboração de estudos e levantamentos prioritários e essenciais à elaboração e execução do Plano Nacional sobre Mudança do Clima;
VI – coordenar a elaboração e promover a disseminação de materiais de divulgação sobre o Plano Nacional sobre Mudança do Clima;
VII – submeter a proposta e a versão preliminares de que tratam os incisos I e II ao CIM;
VIII – rever a versão preliminar do Plano Nacional sobre Mudança do Clima mediante a incorporação das contribuições e recomendações provenientes das consultas públicas e das determinações e orientações do CIM;
IX – elaborar a versão consolidada do Plano Nacional sobre Mudança do Clima e submetê-la ao CIM;
X – monitorar e avaliar periodicamente o Plano Nacional sobre Mudança do Clima, sob a orientação do CIM, e a ele reportar os resultados; e
XI – convidar, quando necessário, especialistas e representantes de órgãos ou entidades públicas ou privadas para apoiar os seus trabalhos.

Art. 4º O Grupo Executivo sobre Mudança do Clima será integrado por um representante, titular e suplente, de cada órgão e entidade a seguir indicados:

I — Ministério do Meio Ambiente, que o coordenará;
II — Casa Civil da Presidência da República;
III — Ministério da Agricultura, Pecuária e Abastecimento;
IV — Ministério da Ciência e Tecnologia;
V — Ministério das Relações Exteriores;
VI — Ministério de Minas e Energia;
VII — Ministério do Desenvolvimento Agrário;
VIII — Ministério do Desenvolvimento, Indústria e Comércio Exterior; e
IX — Fórum Brasileiro de Mudanças Climáticas.

§ 1º Os membros titulares e suplentes de cada órgão enumerado nos incisos I a VIII serão designados pelos representantes titulares dos respectivos órgãos junto ao CIM.

§ 2º Os membros titulares e suplentes do Fórum Brasileiro de Mudanças Climáticas serão designados pelo Secretário-Executivo do respectivo Fórum.

Art. 5º O Plano Nacional sobre Mudança do Clima definirá ações e medidas que visem à mitigação da mudança do clima, bem como à adaptação à mudança do clima.

Parágrafo único. O Plano Nacional sobre Mudança do Clima será estruturado em quatro eixos temáticos:

I — mitigação;
II — vulnerabilidade, impacto e adaptação;
III — pesquisa e desenvolvimento; e
IV — capacitação e divulgação.

Art. 6º A estratégia de elaboração do Plano Nacional sobre Mudança do Clima deverá prever a realização de consultas públicas, para manifestação dos movimentos sociais, das instituições científicas e de todos os demais agentes interessados no tema, com a finalidade de promover a transparência do processo de elaboração e de implementação do Plano.

§ 1º O Grupo Executivo sobre Mudança do Clima definirá o processo de consultas públicas, do qual farão parte a III Conferência Nacional do Meio Ambiente, reuniões regionais e as reuniões do Fórum Brasileiro de Mudanças Climáticas, entre outros.

§ 2º As reuniões regionais serão realizadas sempre que necessário, mediante solicitação do coordenador do Grupo Executivo ou do CIM, divulgadas, com quinze dias de antecedência, a data, o local e o responsável pela coordenação da reunião.

Art. 7º As atividades de disseminação das informações, de capacitação e de treinamento deverão ser desenvolvidas no âmbito do Plano Nacional sobre Mudança do Clima, com o fim de auxiliar o CIM e o Grupo Executivo na execução de suas atribuições, bem como informar a sociedade acerca do tema.

§ 1º As atividades de disseminação das informações serão coordenadas pela Secretaria de Comunicação Social da Presidência da República, mediante orientação do CIM.

§ 2º O processo de capacitação e treinamento será proposto pelo Grupo Executivo e definido pelo CIM.

Art. 8º As participações no CIM, no Grupo Executivo e nos grupos de trabalho serão consideradas prestação de serviços relevantes, não remuneradas.

Art. 9º O apoio administrativo e os meios necessários à execução dos trabalhos do CIM, do Grupo Executivo e, caso constituídos, dos grupos de trabalho, serão fornecidos pelos órgãos representados no CIM.

Art. 10. As instituições públicas federais ficam obrigadas a fornecer informações necessárias à elaboração e à implementação do Plano Nacional sobre Mudança do Clima, quando solicitadas e justificadas pelo Grupo Executivo.

Art. 11. Ficam definidos verbetes e expressões na forma do Anexo a este Decreto.

Art. 12. Este Decreto entra em vigor na data de sua publicação.

Brasília, 21 de dezembro de 2007; 186º da Independência e 119º da República.

LUIZ INÁCIO LULA DA SILVA
Celso Luiz Nunes Amorim
Sérgio Machado Rezende
João Paulo Ribeiro Rezende
Erenice Guerra

Este texto não substitui o publicado no DOU de 22.11.2007

Anexo

Definição de verbetes e expressões segundo as disposições constantes da Convenção-Quadro das Nações Unidas sobre Mudança do Clima e no Painel Intergovernamental sobre Mudança do Clima (IPCC).

Adaptação: iniciativas e medidas para reduzir a vulnerabilidade dos sistemas naturais e humanos frente aos efeitos atuais e esperados da mudança do clima.
Gases de efeito estufa: constituintes gasosos da atmosfera, naturais e antrópicos, que absorvem e reemitem radiação infravermelha.
Impacto: consequências da mudança do clima nos sistemas humanos e naturais.
Mitigação: intervenção humana para reduzir as fontes ou fortalecer os sumidouros de gases de efeito estufa.
Mudança do clima: mudança de clima que possa ser direta ou indiretamente atribuída à atividade humana que altere a composição da atmosfera mundial e que se some àquela provocada pela variabilidade climática natural observada ao longo de períodos comparáveis.
Vulnerabilidade: grau de susceptibilidade ou incapacidade de um sistema para reagir aos efeitos adversos da mudança do clima, inclusive a variabilidade climática e os eventos extremos de tempo. A vulnerabilidade é uma questão do caráter, magnitude e ritmo da mudança do clima e da variação a que um sistema está exposto, sua sensibilidade e sua capacidade de adaptação.

Anexo III
Lei n. 12.187/2009 institui a Política Nacional sobre Mudança do Clima (PNMC)

Lei n. 12.187, de 29 de dezembro de 2009.

Institui a Política Nacional sobre Mudança do Clima – PNMC e dá outras providências

O PRESIDENTE DA REPÚBLICA, faço saber que o Congresso Nacional decreta e eu sanciono a seguinte Lei:

Art. 1º Esta Lei institui a Política Nacional sobre Mudança do Clima – PNMC e estabelece seus princípios, objetivos, diretrizes e instrumentos.

Art. 2º Para os fins previstos nesta Lei, entende-se por:

I – adaptação: iniciativas e medidas para reduzir a vulnerabilidade dos sistemas naturais e humanos frente aos efeitos atuais e esperados da mudança do clima;

II – efeitos adversos da mudança do clima: mudanças no meio físico ou biota resultantes da mudança do clima que tenham efeitos deletérios significativos sobre a composição, resiliência ou produtividade de ecossistemas naturais e manejados, sobre o funcionamento de sistemas socioeconômicos ou sobre a saúde e o bem-estar humanos;

III – emissões: liberação de gases de efeito estufa ou seus precursores na atmosfera numa área específica e num período determinado;

IV – fonte: processo ou atividade que libere na atmosfera gás de efeito estufa, aerossol ou precursor de gás de efeito estufa;

V – gases de efeito estufa: constituintes gasosos, naturais ou antrópicos, que, na atmosfera, absorvem e reemitem radiação infravermelha;

VI – impacto: os efeitos da mudança do clima nos sistemas humanos e naturais;

VII – mitigação: mudanças e substituições tecnológicas que reduzam o uso de recursos e as emissões por unidade de produção, bem como a implementação de medidas que reduzam as emissões de gases de efeito estufa e aumentem os sumidouros;

VIII – mudança do clima: mudança de clima que possa ser direta ou indiretamente atribuída à atividade humana que altere a composição da atmosfera mundial e que se some àquela provocada pela variabilidade climática natural observada ao longo de períodos comparáveis;

IX – sumidouro: processo, atividade ou mecanismo que remova da atmosfera gás de efeito estufa, aerossol ou precursor de gás de efeito estufa; e x — vulnerabilidade: grau de suscetibilidade e incapacidade de um sistema, em função de sua sensibilidade, capacidade de adaptação, e do caráter, magnitude e taxa de mudança e variação do clima a que está exposto, de lidar com os efeitos adversos da mudança do clima, entre os quais a variabilidade climática e os eventos extremos.

Art. 3º A PNMC e as ações dela decorrentes, executadas sob a responsabilidade dos entes políticos e dos órgãos da administração pública, observarão os princípios da precaução, da prevenção, da participação cidadã, do desenvolvimento sustentável e o das responsabilidades comuns, porém diferenciadas, este último no âmbito internacional, e, quanto às medidas a serem adotadas na sua execução, será considerado o seguinte:

I — todos têm o dever de atuar, em benefício das presentes e futuras gerações, para a redução dos impactos decorrentes das interferências antrópicas sobre o sistema climático;

II — serão tomadas medidas para prever, evitar ou minimizar as causas identificadas da mudança climática com origem antrópica no território nacional, sobre as quais haja razoável consenso por parte dos meios científicos e técnicos ocupados no estudo dos fenômenos envolvidos;

III — as medidas tomadas devem levar em consideração os diferentes contextos socioeconômicos de sua aplicação, distribuir os ônus e encargos decorrentes entre os setores econômicos e as populações e comunidades interessadas de modo equitativo e equilibrado e sopesar as responsabilidades individuais quanto à origem das fontes emissoras e dos efeitos ocasionados sobre o clima;

IV — o desenvolvimento sustentável é a condição para enfrentar as alterações climáticas e conciliar o atendimento às necessidades comuns e particulares das populações e comunidades que vivem no território nacional;

V — as ações de âmbito nacional para o enfrentamento das alterações climáticas, atuais, presentes e futuras, devem considerar e integrar as ações promovidas no âmbito estadual e municipal por entidades públicas e privadas;

VI — (VETADO).

Art. 4º A Política Nacional sobre Mudança do Clima — PNMC visará:

I — à compatibilização do desenvolvimento econômico-social com a proteção do sistema climático;

II — à redução das emissões antrópicas de gases de efeito estufa em relação às suas diferentes fontes;

III — (VETADO);

IV — ao fortalecimento das remoções antrópicas por sumidouros de gases de efeito estufa no território nacional;

V — à implementação de medidas para promover a adaptação à mudança do clima pelas 3 (três) esferas da Federação, com a participação e a colaboração dos agentes econômicos e sociais interessados ou beneficiários, em particular aqueles especialmente vulneráveis aos seus efeitos adversos;

VI — à preservação, à conservação e à recuperação dos recursos ambientais, com particular atenção aos grandes biomas naturais tidos como Patrimônio Nacional;

VII — à consolidação e à expansão das áreas legalmente protegidas e ao incentivo aos reflorestamentos e à recomposição da cobertura vegetal em áreas degradadas;

VIII — ao estímulo ao desenvolvimento do Mercado Brasileiro de Redução de Emissões — MBRE.

Parágrafo único. Os objetivos da Política Nacional sobre Mudança do Clima deverão estar em consonância com o desenvolvimento sustentável a fim de buscar o crescimento econômico, a erradicação da pobreza e a redução das desigualdades sociais.

Art. 5º São diretrizes da Política Nacional sobre Mudança do Clima:

I — os compromissos assumidos pelo Brasil na Convenção-Quadro das Nações Unidas sobre Mudança do Clima, no Protocolo de Quioto e nos demais documentos sobre mudança do clima dos quais vier a ser signatário;
II — as ações de mitigação da mudança do clima em consonância com o desenvolvimento sustentável, que sejam, sempre que possível, mensuráveis para sua adequada quantificação e verificação a posteriori;
III — as medidas de adaptação para reduzir os efeitos adversos da mudança do clima e a vulnerabilidade dos sistemas ambiental, social e econômico;
IV — as estratégias integradas de mitigação e adaptação à mudança do clima nos âmbitos local, regional e nacional;
V — o estímulo e o apoio à participação dos governos federal, estadual, distrital e municipal, assim como do setor produtivo, do meio acadêmico e da sociedade civil organizada, no desenvolvimento e na execução de políticas, planos, programas e ações relacionados à mudança do clima;
VI — a promoção e o desenvolvimento de pesquisas científico-tecnológicas, e a difusão de tecnologias, processos e práticas orientados a:

a) mitigar a mudança do clima por meio da redução de emissões antrópicas por fontes e do fortalecimento das remoções antrópicas por sumidouros de gases de efeito estufa;
b) reduzir as incertezas nas projeções nacionais e regionais futuras da mudança do clima;
c) identificar vulnerabilidades e adotar medidas de adaptação adequadas;

VII — a utilização de instrumentos financeiros e econômicos para promover ações de mitigação e adaptação à mudança do clima, observado o disposto no art. 6º;
VIII — a identificação, e sua articulação com a Política prevista nesta Lei, de instrumentos de ação governamental já estabelecidos aptos a contribuir para proteger o sistema climático;
IX — o apoio e o fomento às atividades que efetivamente reduzam as emissões ou promovam as remoções por sumidouros de gases de efeito estufa;
X — a promoção da cooperação internacional no âmbito bilateral, regional e multilateral para o financiamento, a capacitação, o desenvolvimento, a transferência e a difusão de tecnologias e processos para a implementação de ações de mitigação e adaptação, incluindo a pesquisa científica, a observação sistemática e o intercâmbio de informações;
XI — o aperfeiçoamento da observação sistemática e precisa do clima e suas manifestações no território nacional e nas áreas oceânicas contíguas;
XII — a promoção da disseminação de informações, a educação, a capacitação e a conscientização pública sobre mudança do clima;
XIII — o estímulo e o apoio à manutenção e à promoção:

a) de práticas, atividades e tecnologias de baixas emissões de gases de efeito estufa;
b) de padrões sustentáveis de produção e consumo.

Art.6º São instrumentos da Política Nacional sobre Mudança do Clima:

I – o Plano Nacional sobre Mudança do Clima;
II – o Fundo Nacional sobre Mudança do Clima;
III – os Planos de Ação para a Prevenção e Controle do Desmatamento nos biomas;
IV – a Comunicação Nacional do Brasil à Convenção-Quadro das Nações Unidas sobre Mudança do Clima, de acordo com os critérios estabelecidos por essa Convenção e por suas Conferências das Partes;
V – as resoluções da Comissão Interministerial de Mudança Global do Clima;
VI – as medidas fiscais e tributárias destinadas a estimular a redução das emissões e remoção de gases de efeito estufa, incluindo alíquotas diferenciadas, isenções, compensações e incentivos, a serem estabelecidos em lei específica;
VII – as linhas de crédito e financiamento específicas de agentes financeiros públicos e privados;
VIII – o desenvolvimento de linhas de pesquisa por agências de fomento;
IX – as dotações específicas para ações em mudança do clima no orçamento da União;
X – os mecanismos financeiros e econômicos referentes à mitigação da mudança do clima e à adaptação aos efeitos da mudança do clima que existam no âmbito da Convenção-Quadro das Nações Unidas sobre Mudança do Clima e do Protocolo de Quioto;
XI – os mecanismos financeiros e econômicos, no âmbito nacional, referentes à mitigação e à adaptação à mudança do clima;
XII – as medidas existentes, ou a serem criadas, que estimulem o desenvolvimento de processos e tecnologias, que contribuam para a redução de emissões e remoções de gases de efeito estufa, bem como para a adaptação, dentre as quais o estabelecimento de critérios de preferência nas licitações e concorrências públicas, compreendidas aí as parcerias público-privadas e a autorização, permissão, outorga e concessão para exploração de serviços públicos e recursos naturais, para as propostas que propiciem maior economia de energia, água e outros recursos naturais e redução da emissão de gases de efeito estufa e de resíduos;
XIII – os registros, inventários, estimativas, avaliações e quaisquer outros estudos de emissões de gases de efeito estufa e de suas fontes, elaborados com base em informações e dados fornecidos por entidades públicas e privadas;
XIV – as medidas de divulgação, educação e conscientização;
XV – o monitoramento climático nacional;
XVI – os indicadores de sustentabilidade;
XVII – o estabelecimento de padrões ambientais e de metas, quantificáveis e verificáveis, para a redução de emissões antrópicas por fontes e para as remoções antrópicas por sumidouros de gases de efeito estufa;
XVIII – a avaliação de impactos ambientais sobre o microclima e o macroclima.

Art. 7º Os instrumentos institucionais para a atuação da Política Nacional de Mudança do Clima incluem:

I – o Comitê Interministerial sobre Mudança do Clima;
II – a Comissão Interministerial de Mudança Global do Clima;
III – o Fórum Brasileiro de Mudança do Clima;
IV – a Rede Brasileira de Pesquisas sobre Mudanças Climáticas Globais – Rede Clima;
V – a Comissão de Coordenação das Atividades de Meteorologia, Climatologia e Hidrologia.

Art. 8º As instituições financeiras oficiais disponibilizarão linhas de crédito e financiamento específicas para desenvolver ações e atividades que atendam aos objetivos desta Lei e voltadas para induzir a conduta dos agentes privados à observância e execução da PNMC, no âmbito de suas ações e responsabilidades sociais.

Art.9º O Mercado Brasileiro de Redução de Emissões – MBRE será operacionalizado em bolsas de mercadorias e futuros, bolsas de valores e entidades de balcão organizado, autorizadas pela Comissão de Valores Mobiliários – CVM, onde se dará a negociação de títulos mobiliários representativos de emissões de gases de efeito estufa evitadas certificadas.

Art.10º (VETADO).

Art.11. Os princípios, objetivos, diretrizes e instrumentos das políticas públicas e programas governamentais deverão compatibilizar-se com os princípios, objetivos, diretrizes e instrumentos desta Política Nacional sobre Mudança do Clima.

Parágrafo único. Decreto do Poder Executivo estabelecerá, em consonância com a Política Nacional sobre Mudança do Clima, os Planos setoriais de mitigação e de adaptação às mudanças climáticas visando à consolidação de uma economia de baixo consumo de carbono, na geração e distribuição de energia elétrica, no transporte público urbano e nos sistemas modais de transporte interestadual de cargas e passageiros, na indústria de transformação e na de bens de consumo duráveis, nas indústrias de químicas fina e de base, na indústria de papel e celulose, na mineração, na indústria da construção civil, nos serviços de saúde e na agropecuária, com vistas em atender metas gradativas de redução de emissões antrópicas quantificáveis e verificáveis, considerando as especificidades de cada setor, inclusive por meio do Mecanismo de Desenvolvimento Limpo – MDL e das Ações de Mitigação Nacionalmente Apropriadas – NAMAs.

Art.12. Para alcançar os objetivos da PNMC, o País adotará, como compromisso nacional voluntário, ações de mitigação das emissões de gases de efeito estufa, com vistas em reduzir entre 36,1% (trinta e seis inteiros e um décimo por cento) e 38,9% (trinta e oito inteiros e nove décimos por cento) suas emissões projetadas até 2020.

Parágrafo único. A projeção das emissões para 2020 assim como o detalhamento das ações para alcançar o objetivo expresso no *caput* serão dispostos por decreto, tendo por base o segundo Inventário Brasileiro de Emissões e Remoções Antrópicas de Gases de Efeito Estufa não Controlados pelo Protocolo de Montreal, a ser concluído em 2010.

Art.13. Esta Lei entra em vigor na data de sua publicação.

Brasília, 29 de dezembro de 2009; 188º da Independência e 121º da República.

LUIZ INÁCIO LULA DA SILVA
Nelson Machado
Edison Lobão
Paulo Bernardo Silva
Luís Inácio Lucena Adams

Este texto não substitui o publicado no DOU de 30.12.2009 – Edição extra.

Anexo IV
Listagem dos participantes nos Seminários sobre Mudança Climática e Incêndios Florestais

Participantes do 2011 International Seminar on Climate Change and Natural Resources Management promovido pelo Departamento Internacional do US Forest Service (Washington, DC; Davis, CA; 8 a 29 de maio de 2011), e conduzido pela Universidade da Califórnia, em Davis.

Nome do Participante	País	Afiliação Institucional
Yitayew Abebe	Etiópia	Usaid/Etiópia
Moges Worku	Etiópia	Embaixada EUA/Addis Ababa
Enock Kanyanya	Quênia	Usaid/Quênia
Aimee Mpambara	Ruanda	Usaid/Ruanda
Michel Ndjatsana	Camarões	COMIFAC (Central African Forests Comission)
Madalitso Chisale	Malawi	Usaid/Malawi
Kalyan Hou	Cambodja	Dept of General Adm
Javier Leon	Colômbia	The Nature Conservancy
Humala Pontas	Indonésia	Provincial Planning Agency
Supattira (Ke) Rodboontham	Tailândia	Usaid/RDMA
Gabriela Celi	Equador	Environmental Ministry
Dennis Del-Castillo	Peru	Peruvian Amazon Research Institute
Carolina Figueroa	Colômbia	Natural Parks of Colombia
Winston Harlequin	Guiana	Usaid/Guiana
Jose (Chemo) Fuentes	México	Conafor
Salvador Sánchez-Colón	México	Usaid/México
Genebaldo Freire Dias	Brasil	Prevfogo-Ibama Fire Management Agency

Nome do Participante	País	Afiliação Institucional
Ehab Eid	Jordânia	RSCN (The Royal Society for the Conservation of Nature)
Kakha Bakhtadze	Georgia	Caucasus Environmental NGO Network (CENN)
Bugga Luvsandorj	Mongólia	Ministry of Nature, Environment and Tourism
Anna Petrakieva	Bulgária	Forestry Agency
Marina Vardanyan	Armênia	Usaid/Armênia

Participantes do I Curso Internacional sobre Mudanças Climáticas Globais, Queimadas e Incêndios Florestais promovido pelo Prevfogo – Centro Nacional de Prevenção e Combate a Incêndios Florestais/Ibama – Instituto Brasileiro do Meio Ambiente e dos Recursos Naturais Renováveis; e ABC – Agência Brasileira de Cooperação (26 a 30 de setembro de 2011; Brasília, DF), coordenado por Genebaldo Freire Dias.

Nome do Participante	País	Instituição
Algernon Lesroy Grant	Antígua e Barbuda	Ministério da Agricultura
Skendraoui Mohamed	Argélia	Ministério da Agricultura e Desenvolvimento Rural
Oscar Nelson Justiniano Gil	Bolívia	Departamento Autônomo de Recursos Naturais de Santa Cruz
Ana Madalena Varela da Veiga	Cabo Verde	Ministério do Ambiente, Habitação e Ordenamento do Território
António Pedro Conceição do Livramento	Cabo Verde	Direção Geral do Ambiente
Beatriz Rodriguez Alfaro	Cuba	Instituto de Investigações Agroflorestais
Luis Wilfredo Martínez Becerra	Cuba	Universidade de Pinar Del Rio
Amr Raafat Reafat Rabie	Egito	Instituto de Agricultura e Horticultura
Nguema Endamne Lionel	Gabão	Ministério de Águas e Florestas
Sadjo Danfá	Guiné-Bissau	Ministério da Agricultura e Desenvolvimento Rural
Adelina Carlos Cunte	Guiné-Bissau	Ministério da Agricultura e Desenvolvimento Rural
Ian Wayne Wallace	Jamaica	Departamento Florestal
Anwar Kozah	Líbano	Ministério da Agricultura

Nome do Participante	País	Instituição
Ana Paula Tomás Francisco	Moçambique	Ministério para a Coordenação da Ação Ambiental
Luis Fernando Varela	Moçambique	Ministério para a Coordenação da Ação Ambiental
Hernan Baltazar Castañeda	Peru	Universidade Nacional do Centro do Peru
Aizhan Rysmendeeva	Quirguiz (Kyrgyzstan)	Agência Estadual de Proteção Ambiental e Florestas
Nathalie Maria Flores Gonzalez	República Dominicana	Ministério do Meio Ambiente
Musana Abel	Ruanda	Parque Nacional Volcanoes
Aline Capela Fernandes de Castro	São Tomé e Príncipe	Direção Geral do Ambiente
Gelsa Marila Carvalho Vera Cruz	São Tomé e Príncipe	Direção Geral do Ambiente
Berard, Julie	Seichelles	Autônomo
Kevin Rose	Seichelles	Agência de Serviços de Controle de Incêndios
M. G. W. M. Wasantha Tikiri Bandara Dissanayake	Sri-Lanka	Universidade de Peradeniya
Bilha Eshton Nkala	Tanzânia	Universidade de Dar e Salaam
Mohammed Faouzi Khlil	Tunísia	Direção Geral de Florestas
Kuath Huu Van	Vietnam	Ministério do Meio Ambiente e Recursos Naturais
Patience Zisadza	Zimbabue	Departamento de Parques Nacionais

Anexo V
Alternativas ao uso do fogo

Adubação verde
Adubos verdes são plantas cultivadas para serem incorporadas ao solo. Essa prática melhora a estrutura do solo, fornece nutrientes, conserva a umidade, favorece a flora microbiana, aumenta a biodiversidade e controla as plantas invasoras.

http://www.senar.org.br/
http://www.planetaorganico.com.br/trabmilho1.htm
http://www.pirai.com.br/

Agricultura orgânica
Sistema de produção agrícola sem uso de produtos químicos, que preserva a biodiversidade, os ciclos e as atividades biológicas do solo.

http://www.aao.org.br/
http://www.cnpab.embrapa.br/pesquisas/ao.html
http://www.senar.org.br/

Apicultura
Gera baixo impacto ambiental. Possibilita a utilização permanente dos recursos naturais e preserva o meio ambiente.

http://www.cnpm.embrapa.br/projetos/qmd/qmd_2000/cartilha.htm
http://www.proteger.org.br/arq/MANUAL%20OPERACIONAL%205.pdf
http://sistemasdeproducao.cnptia.embrapa.br/FontesHTML/Mel/SPM el/index.htm

Arborização das pastagens
A arborização mantém a umidade do ambiente, enriquece o solo fornecendo nutrientes e protege os animais do sol, da chuva e do vento.

http://www.cpafac.embrapa.br/chefias/cna/artigos/arborizacao_16_3.htm
http:// www.fazendaecologica.com.br/news/news.asp?codigo=303

Artesanato e reciclagem

Geram benefícios do ponto de vista ambiental, econômico e social, pois ambos contribuem para a diminuição da pressão antrópica sobre os recursos naturais e o aumento da renda familiar.

http://www.proteger.org.br/arq/MANUAL%20OPERACIONAL%205.pdf

Carbono social

Projeto que desenvolve atividades socialmente benéficas com o objetivo de reduzir as emissões de carbono na atmosfera. Esse projeto inclui sistemas agroflorestais, plantio de mudas nativas, artesanato e redução de queimadas.

http://.ecologica.org.br/mudancas_social.html
http://www.reportersocial.com.br/noticias.asp?id=1003&ed=meio%20ambiente

Compostagem

Processo de transformação de materiais como restos vegetais e de alimentos, palhada e estrume em materiais orgânicos utilizáveis na agricultura.

http://www.planetaorganico.com.br/composto2.htm
http://www.hortadaformiga.com/compostagem.cfm
http://www.sectam.pa.gov.br/Download/Cartilha%20Compostagem.pdf
http://www.senar.org.br/

Consorciação de culturas

Consiste no plantio de diferentes espécies simultaneamente sobre uma mesma área.

http://sistemasdeproducao.cnptia.embrapa.br/FontesHTML/Mandiocamandioca_cerrados/Rotacao.htm
http://www.cnpm.embrapa.br/projetos/qmd/qmd_2000/cartilha.htm

Controle das cigarrinhas-das-pastagens

Promover a diversificação das pastagens com a utilização de gramíneas forrageiras resistentes às cigarrinhas e controle biológico através do fungo (*Metarhizium anisopliae*).

http://www.cnpm.embrapa.br/projetos/qmd/qmd_2000/cartilha.htm

Controle de plantas invasoras de pastagens

Substituir as queimadas pelo método de controle manual dessas plantas por meio do uso do enxadão ou roçagem.

http://www.cnpm.embrapa.br/projetos/qmd/qmd_2000/cartilha.htm

Cultura em andares

Consiste em plantar diferentes culturas de forma organizada em uma mesma área, levando em consideração a disposição horizontal e vertical, formando diversos andares na vegetação.

http://www.poema.org.br/publicacoes_livros.asp

Ecoturismo

Atividade que busca utilizar, de forma sustentável, o patrimônio natural e cultural, incentivando sua conservação, promovendo a formação de uma consciência socioambientalista. Procura ampliar a percepção das pessoas a respeito dos sistemas naturais que asseguram a vida na Terra e aproximá-las de uma reconexão a tais processos.

http://www.ecobrasil.org.br/
http://www.revistaecoturismo.com.br/
http://www.proteger.org.br/arq/MANUAL%20OPERACIONAL%205.pdf
http://www.abih.com.br/principal/ecoturismo.php

Pastagem ecológica

A pastagem é dividida em piquetes, nos quais ocorre o rodízio do gado, proporcionando a recuperação da produtividade dos pastos abandonados ou subutilizados.

http://www.fazendaecologica.com.br/publicacoes/artigos.asp
http://www.ambientebrasil.com.br/noticias/index.php3?action=ler&id=20061
http://www.cpap.embrapa.br/agencia/congressovirtual/pdf/portugues/03pt04.pdf
http://www.ambientebrasil.com.br/noticias/index.php3?action=ler&id=21874
http://www.cnpgl.embrapa.br

O Projeto Corredores Ecológicos do Espírito Santo (Incaper – Instituto Capixaba de Pesquisa, Assistência Técnica Rural o Iema-ES – Instituto de Meio Ambiente e Recursos Hídricos do ES, com recursos da Cooperação Brasil-Alemanha) publicou um livreto sobre Pastagem Ecológica. Disponível em: <http://www.fazendaecologica.com.br/www/lt_noticia/lt_view.asp?id_lt_noticia=533>

Pastejo misto

Consiste no pastejo por espécies diferentes de animais na mesma área.

http://www.cnpm.embrapa.br/projetos/qmd/qmd_2000/cartilha.htm

Plantio direto

É um conjunto de técnicas integradas que visa melhorar as condições ambientais (água-solo-clima), por meio do não revolvimento do solo, da rotação de culturas e do uso de culturas de cobertura para formação de palhada, associada ao manejo integrado de pragas.

http://www.plantiodireto.com.br/
http://www22.sede.embrapa.br/plantiodireto/
http://www.cnpms.embrapa.br/publicacoes/milho/mandireto.htm

Reflorestamento social

Consiste no plantio de espécies madeireiras de crescimento rápido para produção de celulose, madeira, laminados e carvão vegetal, juntamente com espécies frutíferas, plantas medicinais e criação de pequenos animais com o objetivo de atender ao consumo familiar.

http://www.cnpm.embrapa.br/projetos/qmd/qmd_2000/cartilha.htm

Rotação de culturas

Técnica agrícola de conservação de solos que alterna, anualmente, culturas vegetais numa mesma área agrícola, diminuindo assim o seu esgotamento.

http://www.cnpso.embrapa.br/producaosojaPR/rotacao.htm
http://sistemasdeproducao.cnptia.embrapa.br/FontesHTML/Mandioca/ mandioca_cerrados/Rotacao.htm

Silagem

Técnica de conservação da forragem em depósitos adequados, chamados silos, que pode ser feita com vários tipos de plantas, como milho, sorgo, capim-napier e forrageiras.

http://www.cnpgc.embrapa.br/publicacoes/divulga/GCD02.html
http://www.cnpgc.embrapa.br/publicacoes/divulga/GCD51.html
http://www.cnpm.embrapa.br/projetos/qmd/qmd_2000/cartilha.htm

Sistemas Agroflorestais (SAF)

Técnica que envolve o manejo intencional de árvores: agrossilvicultura (árvores + culturas agrícolas); silvopastoris (árvores + produção animal) e agrossilvopastoris (árvores + culturas agrícolas + produção animal).

http://www.agrofloresta.net/
http://www.pronaf.gov.br/dater/arquivos/26 CBSAF_Agricultura_Familiar_e_Sistemas_Agroflorestais.pdf
http://www.ambientebrasil.com.br/.../agropecuario/index.html&conteudo=./agropecuario/artigos/safs.html
http://www.planetaorganico.com.br/agroflorest.htm
http://www.agrofloresta.net/

Uso da ureia pecuária

Técnica bastante simples e de baixo custo que consiste em misturar a ureia pecuária com sal mineral com o objetivo de fornecer a proteína de que o animal precisa e não encontra na pastagem seca.

http://www.cnpm.embrapa.br/projetos/qmd/qmd_2000/cartilha.htm

Anexo VI
Emissão de CO_2 por aviões

As emissões de CO_2 são baseadas no seguinte fator: 3,15 kg de CO_2/kg de combustível.

Fonte: EUROPEAN ENVIRONMENT AGENCY – EEA. *Emission Inventory Guidebook* – 2006. EMEP/CORINAIR. Disponível em: <http://www.eea.europa.eu/publications/EMEPCORINAIR4/page017.html>. Acesso em: 29 set. 2009.

Emissão de CO_2 por hora de voos provenientes dos principais aviões em uso no Brasil

Avião	Kg de CO_2 por passageiro (por hora de voo)
Boeing 727-300	133,2
Boeing 737-200	151,44
Boeing 737-300	108,98
Airbus A320	64,8
Fokker 100	100,47
Airbus A340-200	110,34
Airbus A340-300	100,07
Airbus A330-300	91,52
Airbus A321	56,13
Boeing 777-200	107,88
Airbus A319	75,48
Embraer ERJ 145	90,03

Avião	Kg de CO_2 por passageiro (por hora de voo)
Boeing 737-700	81,56
Boeing 777-300	92,57
Boeing 737-800	74,4
Airbus A330-200	112,41
Airbus A300-600R	111,00
Boeing 757-300	73,56
Boeing 747-400	144,36
Airbus A310-300	98,65
Boeing 767-300	108,32
McDonnell Douglas MD-11	110,58
Fokker 70	101,54
McDonnell Douglas MD-90	86,19

OBRAS DO AUTOR PUBLICADAS PELA EDITORA GAIA

40 contribuições pessoais para a sustentabilidade

Atividades interdisciplinares de Educação Ambiental

Dinâmicas e instrumentação para Educação Ambiental

Ecopercepção - Um resumo didático dos desafios socioambientais

Educação ambiental - Princípios e práticas

Educação e gestão ambiental

Iniciação à temática ambiental - Antropoceno

Pegada ecológica e sustentabilidade humana

GRÁFICA PAYM
Tel. (11) 4392-3344
paym@terra.com.br